上海市工程建设规范

铝 合 金 格 构 结 构 技 术 标 准

Technical standard for aluminum alloy reticulated structures

DG/TJ 08－95－2020

J 15138－2020

主编单位：同济大学
　　　　　上海建筑设计研究院有限公司
批准部门：上海市住房和城乡建设管理委员会
施行日期：2020 年 9 月 1 日

同济大学出版社

2020　上海

图书在版编目(CIP)数据

铝合金格构结构技术标准/同济大学,上海建筑设
计研究院有限公司主编. --上海:同济大学出版社,
2020.8
 ISBN 978-7-5608-9313-6

Ⅰ.①铝… Ⅱ.①同… ②上… Ⅲ.①铝合金一网架
结构一建筑结构一技术标准 Ⅳ.①TU356-65

中国版本图书馆 CIP 数据核字(2020)第 107571 号

铝合金格构结构技术标准
同济大学
上海建筑设计研究院有限公司   主编
策划编辑　张平官
责任编辑　朱　勇
责任校对　徐春莲
封面设计　陈益平
出版发行　同济大学出版社　　www.tongjipress.com.cn
　　　　　(地址:上海市四平路 1239 号　邮编:200092　电话:021-65985622)
经　销　全国各地新华书店
印　刷　浦江求真印务有限公司
开　本　889mm×1194mm　1/32
印　张　4.25
字　数　114000
版　次　2020 年 8 月第 1 版　　2020 年 8 月第 1 次印刷
书　号　ISBN 978-7-5608-9313-6
定　价　38.00 元

上海市住房和城乡建设管理委员会文件

沪建标定〔2020〕136 号

上海市住房和城乡建设管理委员会
关于批准《铝合金格构结构技术标准》为
上海市工程建设规范的通知

各有关单位：

由同济大学和上海建筑设计研究院有限公司主编的《铝合金格构结构技术标准》，经我委审核，现批准为上海市工程建设规范，统一编号为 DG/TJ 08－95－2020，自 2020 年 9 月 1 日起实施。原《铝合金格构结构技术规程》（DGJ 08－95－2001）同时废止。

本规范由上海市住房和城乡建设管理委员会负责管理，同济大学负责解释。

特此通知。

上海市住房和城乡建设管理委员会
二〇二〇年三月三十日

前　言

　　根据上海市城乡建设和交通委员会《关于印发〈2013年上海市工程建设规范和标准设计编制计划〉的通知》（沪建交〔2012〕1236号）要求，同济大学、上海建筑设计研究院有限公司会同有关单位经广泛调查研究，认真总结实践经验，参考有关国家标准和国外先进标准，并在广泛征求意见的基础上，对《铝合金格构结构技术规程》DGJ 08－95－2001作了修订。

　　本标准共分7章和6个附录，主要内容有：总则、术语和符号、基本规定、结构分析与验算、节点设计、防火设计、制作和安装。

　　本标准修订的主要内容是：①增加第5章"节点设计"；②增加第6章"防火设计"；③补充部分新型结构用铝合金的力学性能指标设计值；④增加环槽铆钉的设计方法；⑤增加铝合金格构结构稳定承载力的验算方法；⑥增加铝合金格构结构阻尼比的取值；⑦增加附录D"铝合金材料的弹塑性本构关系"；⑧增加附录E"铝合金格构结构实用计算方法"。

　　各单位及相关人员在执行本标准过程中，如有意见和建议，请反馈至同济大学土木工程学院《铝合金格构结构技术标准》管理组（地址：上海市四平路1239号同济大学土木楼；邮编：200092；传真：021－65980531；E-mail：06162@tongji.edu.cn），或上海市建筑建材业市场管理总站（地址：上海市小木桥路683号；邮编：200032；E-mail：bzglk@zjw.sh.gov.cn），以便今后进一步修订时参考。

主 编 单 位：同济大学
　　　　　　上海建筑设计研究院有限公司
参 编 单 位：上海通正铝合金结构工程技术有限公司
　　　　　　华东建筑设计研究院有限公司
　　　　　　上海市机械施工集团有限公司
　　　　　　上海通正铝结构建设科技有限公司
　　　　　　上海交通大学
　　　　　　上海杰地建筑设计有限公司
　　　　　　上海宝冶集团有限公司
　　　　　　上海建科铝合金结构建筑研究院
　　　　　　浙江中天恒筑钢构有限公司
　　　　　　同恩（上海）工程技术有限公司
　　　　　　广东工业大学
主 要 起 草 人：郭小农　李亚明　罗永峰　杨联萍　蒋首超
　　　　　　崔家春　欧阳元文　陈晓明　尹　建　任玉贺
　　　　　　李志强　贾宝荣　邱枕戈　王春江　曾煜华
　　　　　　熊　哲　王人鹏　王　磊　遇　瑞　徐　晗
　　　　　　陆道渊　陈春晖　朱劲骏　邱丽秋　高喜欣
　　　　　　罗金辉
主 要 审 查 人：周建龙　宋振森　路志浩　吴欣之　金立赞
　　　　　　贺军利　张月强

上海市建筑建材业市场管理总站

2019 年 12 月

目 次

Contents

1 总　则

1.0.1　为确保上海地区铝合金格构结构的设计与施工质量,做到安全可靠、技术先进、经济合理,特制定本标准。

1.0.2　本标准适用于不直接承受疲劳动力荷载的铝合金格构结构体系的设计、制作、施工和检验。

1.0.3　铝合金格构结构设计除应符合本标准外,尚应符合国家和本市现行有关标准的规定。

2 术语和符号

2.1 术　语

2.1.1 格构结构　reticulated structure

由结构单元按一定规律构成的各种型式的空腹结构,如平板网架、柱面网壳、球面网壳、空间桁架和塔架等。结构单元由基本的几何体组成,杆件位于几何体的棱边或面上。

2.1.2 网架　space truss, space grids

按一定规律布置的杆件通过节点连接而形成的平板型或微曲面型空间杆系结构,主要承受整体弯曲内力。

2.1.3 网壳　latticed shell, reticulated shell

按一定规律布置的杆件通过节点连接而形成的曲面状空间杆系或梁系结构,主要承受整体薄膜内力。

2.1.4 立体桁架　spatial truss

由上弦、腹杆与下弦杆构成的横截面为三角形或四边形的格构式桁架。

2.1.5 板式节点　gusset joint

通过紧固件和盖板将汇交于一点处的构件连接而成的节点。

2.1.6 螺栓球节点　bolted spherical joint

由管材与螺栓球用螺栓连接而成的节点。

2.1.7 毂式节点　hub joint

由柱状毂体、杆端嵌入件及上下盖板用中心螺栓等紧固件组成的机械装配式节点。

2.2 符　号

2.2.1　作用、作用效应与响应

M——弯矩；

M_p——纯弯构件全截面屈服时的弯矩；

N——构件所受轴力；

N_g——构件的欧拉荷载；

$N_{y,T}$——$T℃$下理想轴压构件全截面屈服时的压力；

P——螺栓预紧力；

P_{cr}^{nl}——板式节点网壳的稳定承载力；

Q_i——杆件与节点板连接区螺栓群所受的剪力；

R_d——结构构件抗力设计值；

S_m——荷载（作用）效应组合设计值；

S_{Gk}——按永久荷载标准值计算的荷载效应值；

S_{Qk}——按楼面或屋面活荷载标准值计算的荷载效应值；

S_{Tk}——按火灾下结构的温度变化作用标准值计算的作用效应值；

S_{Wk}——按风荷载标准值计算的荷载效应值；

t_d——构件的实际耐火极限；

t_m——构件的设计耐火极限；

V_{1u}——板式节点单连接区节点板块状拉剪破坏承载力；

V_{2u}——板式节点双连接区节点板块状拉剪破坏承载力；

V_{3u}——板式节点三连接区节点板块状拉剪破坏承载力；

V_{cr}——板式节点的节点板局部屈曲承载力；

$V_{cr,T}$——$T℃$下板式节点的节点板屈曲承载力；

$V_{u,T}$——$T℃$下板式节点的节点板块状拉剪破坏承载力。

2.2.2　材料性能

E——材料的弹性模量；

f——铝合金抗拉、抗压和抗弯强度设计值；

f_v——铝合金抗剪强度设计值；

$f_{0.2}$——铝合金名义屈服强度；

f^b——紧固件抗拉强度设计值；

f_u——铝合金的极限抗拉强度；

f_u^b——铆钉的抗拉强度；

ν——材料的泊松比。

2.2.3 几何参数与截面特性

A——杆件的毛截面面积；

A_c——杆件与节点板的接触面积；

A_n——杆件的净截面面积；

d——螺栓的有效直径；

d_0——铆钉或螺栓的孔径；

d_b——杆件腹板两侧最内排螺栓间距；

d_h——螺栓与螺栓孔的间隙；

e_0——构件中点处的初始变形值；

e_1——螺栓边距；

f——网壳矢高；

h——工字型杆件的截面高度；

i_x——截面绕强轴的回转半径；

I_y——截面绕弱轴的惯性矩；

L——结构跨度，节点板块状拉剪破坏线总等效长度；

l_0——网壳面内杆件计算长度；

l_i——节点板破坏边的净长度；

l_n——网壳杆件净长度；

n——杆件与节点板单连接区域上的螺栓孔个数；

p_1——螺孔间距；

R——球面网壳的曲率半径，节点板半径；

R_0——节点板中心区半径；

R_c——节点板中心区距杆件端部距离；

r——球面或柱面网壳的曲率半径；

S——网壳跨度；

s——网壳杆件线刚度；

t——节点板厚度；

W_{Ex}——绕强轴的抗弯截面模量；

W_{Ey}——绕弱轴的抗弯截面模量；

W_{enx}——绕强轴的有效净截面模量；

W_{eny}——绕弱轴的有效净截面模量；

x——螺栓孔中心间距；

Z——全截面塑性抗弯模量；

φ_i——杆件间夹角；

$\bar{\lambda}$——轴心受压构件的相对长细比。

2.2.4 计算系数及其他参数

B——网壳等效薄膜刚度；

C_{IM}——板式节点网壳整体稳定承载力的初始缺陷影响系数；

C_L——板式节点网壳整体稳定承载力的荷载影响系数；

C_P——板式节点网壳整体稳定承载力的材料非线性影响系数；

C_r——板式节点网壳整体稳定承载力的节点刚度影响系数；

D——网壳等效抗弯刚度；铝合金螺栓球直径；

f_1——球面网壳的第一阶自振频率；

k_T——高温下铝合金抗拉、抗压强度折减系数；

K_c——板式节点的承压刚度；

K_f——板式节点的嵌固刚度；

K_s——板式节点的滑移刚度；

M_c——板式节点的受弯承载力；

M_f——板式节点的滑移弯矩；

M_s——板式节点的承压弯矩；

α —— 孔壁承压强度放大系数；

β —— 跨厚比无量纲化参数，轴力和杆件截面高度的乘积与弯矩之比；

γ_i —— 节点板破坏边的材料等效破坏强度系数；

η —— 板式节点网壳基频放大系数；

η_e —— 考虑板件局部屈曲的修正系数；

η_{haz} —— 焊接缺陷影响系数；

η_m —— 由轴压力引起的刚度折减系数；

$\varphi_{b,T}$ —— T℃下铝合金受弯构件的整体稳定系数；

φ_T —— T℃下铝合金轴心受压构件的整体稳定系数；

$\bar{\varphi}_T$ —— T℃下铝合金轴心受压构件的稳定计算系数；

λ —— 网格密度无量纲化参数；

μ —— 网壳杆件计算长度系数，板件间摩擦系数；

$\xi_{cr,T}$ —— 节点板中心屈曲破坏承载力温度影响系数；

$\xi_{M,T}$ —— 压弯构件整体稳定承载力相关公式中弯矩项的温度影响系数；

$\xi_{N,T}$ —— 压弯构件整体稳定承载力相关公式中轴力项的温度影响系数；

$\xi_{u,T}$ —— 节点板块状拉剪破坏承载力的温度影响系数。

3 基本规定

3.1 一般规定

3.1.1 本标准采用以概率理论为基础的极限状态设计方法,并采用分项系数设计表达式进行计算。

3.1.2 铝合金格构结构的选型,应根据建筑功能、造型要求、支承条件、制作要求、施工条件、荷载和作用等条件确定。

3.1.3 铝合金单层网壳以及厚度小于跨度 1/30 的双层网壳应进行整体稳定性验算。

3.1.4 对具有复杂体形或承受特殊荷载的铝合金格构结构,应进行专门的分析研究或试验论证。

3.1.5 铝合金格构结构的设计宜考虑围护结构连接方式的影响。

3.2 荷载、作用与效应

3.2.1 铝合金格构结构的设计应考虑恒荷载、活荷载、风荷载、雪荷载、地震作用、温度作用、火灾作用、结构支座沉降及施工荷载等作用。铝合金格构结构的荷载取值、效应计算和效应组合应符合现行国家标准《建筑结构荷载规范》GB 50009 的规定。

3.2.2 对于复杂体型的铝合金格构结构,当缺乏可靠依据时,应进行风洞试验或数值模拟以确定风荷载取值。

3.2.3 对复杂体型的格构结构,宜将多个方向的风荷载与其他作用分别进行组合。

3.2.4 抗震设计的荷载和作用效应组合应符合现行国家标准《建筑抗震设计规范》GB 50011 和现行上海市工程建设规范《建

筑抗震设计规程》DGJ 08－9 的规定。

3.2.5 抗火设计时建筑室内火灾升温曲线的确定应符合下列规定：

　　1 一般情况下，可按下式确定：

$$T_g - T_{g0} = 345 \times \lg(8t + 1) \qquad (3.2.5)$$

式中：　t——火灾持续时间（min）；

　　　　T_g——火灾发展到 t 时刻的热烟气平均温度（℃）；

　　　　T_{g0}——火灾前室内环境的温度（℃），可取 20℃。

　　2 当能准确确定建筑的火灾荷载、可燃物类型及其分布、几何特征等参数时，火灾升温曲线可按其他有可靠依据的火灾模型确定。

3.2.6 跨度不小于 50m 或多点支承的格构结构的非线性分析，荷载效应组合宜考虑加载次序的影响。

3.3　材料选用

3.3.1 铝合金格构结构材料的性能应符合现行国家标准《一般工业用铝及铝合金板、带材》GB/T 3880、《铝及铝合金挤压棒材》GB/T 3191、《铝及铝合金拉（轧）制无缝管》GB/T 6893、《铝及铝合金热挤压管》GB/T 4437、《铝合金建筑型材》GB 5237、《工业用铝及铝合金热挤压型材》GB/T 6892 的规定；当采用其他牌号的铝合金材料时，应进行专门的分析或试验。

3.3.2 用于承重结构的铝合金的化学成分应符合本标准附录 A 的规定。

3.3.3 用于承重结构的铝合金的力学性能指标应符合本标准附录 B 的规定。

3.3.4 铝合金格构结构的构件和节点选材应符合下列规定：

　　1 杆件、节点板、部分零部件（如锥头、封板、套筒等）宜采用 6061、6N01、6063、6082、6H13、5083、7075 等牌号的铝合金。

　　2 螺栓球宜采用 7020、7075 等牌号的铝合金。

　　3 屋面板宜采用 3003、3004 等牌号的铝合金。

3.3.5 铝合金结构紧固件的材料宜采用铝合金或不锈钢；也可采用经热浸镀锌、电镀锌或镀铝等表面处理后的钢材。

3.4 设计指标

3.4.1 常用铝合金材料的强度设计值应按表 3.4.1 采用。

表 3.4.1 铝合金材料的强度设计值（N/mm²）

铝合金材料			用于构件计算		用于焊接连接计算的焊接热影响区	
牌号	状态	厚度（mm）	抗拉、抗压和抗弯 f	抗剪 f_v	抗拉、抗压和抗弯 $f_{u,haz}$	抗剪 $f_{v,haz}$
6061	T4	所有	90	55	140	80
	T6	所有	200	115	100	60
6063	T5	所有	90	55	60	35
	T6	所有	150	85	80	45
6082	T4	所有	90	55	140	80
	T6	所有	215	125	105	60
6H13	T4	所有	120	80	140	80
	T6	所有	280	160	180	105
6N01	T6	所有	180	100	—	—
7075	T6	所有	380	215	—	—
7020	T6	所有	240	135	—	—
5083	O/F	所有	90	55	210	120
	H112	所有	90	55	170	95
3003	H24	≤4	100	60	20	10
3004	H34	≤4	145	85	35	20
	H36	≤3	160	95	40	20

3.4.2 铝合金和不锈钢铆钉连接的强度设计值应按表 3.4.2 采用。

表 3.4.2　铝合金和不锈钢铆钉连接的强度设计值（N/mm²）

部件种类	牌号	抗剪 f_v^r	承压 f_c^r
铆钉	5B05-HX8	90	—
	2A01-T4	110	—
	2A10-T4	135	—
	304HC	317	—
构件	6061-T4	—	210
	6061-T6	—	305
	6063-T5	—	185
	6063-T6	—	240
	6082-T4	—	210
	6082-T6	—	335
	6H13-T4	—	260
	6H13-T6	—	410
	6N01-T6	—	310
	7075-T6	—	600
	7020-T6	—	400
	5083-O/F	—	315
	5083-H112	—	315

3.4.3 铝合金结构普通螺栓连接的强度设计值应按表 3.4.3 采用。

表 3.4.3　普通螺栓连接的强度设计值（N/mm²）

螺栓的材料、性能等级和构件铝合金牌号			普通螺栓								
			铝合金			不锈钢			钢		
			抗拉 f_t^b	抗剪 f_v^b	承压 f_c^b	抗拉 f_t^b	抗剪 f_v^b	承压 f_c^b	抗拉 f_t^b	抗剪 f_v^b	承压 f_c^b
普通螺栓	铝合金	2B11	170	160	—						
		2A90	150	145	—						
	不锈钢	A2-50、A4-50				200	190	—			
		A2-70、A4-70				280	265	—			
	钢	4.6、4.8级							170	140	

— 10 —

续表 3.4.3

螺栓的材料、性能等级和构件铝合金牌号		普通螺栓								
		铝合金			不锈钢			钢		
		抗拉 f_t^b	抗剪 f_v^b	承压 f_c^b	抗拉 f_t^b	抗剪 f_v^b	承压 f_c^b	抗拉 f_t^b	抗剪 f_v^b	承压 f_c^b
构件	6061-T4	—	—	210	—	—	210	—	—	210
	6061-T6	—	—	305	—	—	305	—	—	305
	6063-T5	—	—	185	—	—	185	—	—	185
	6063-T6	—	—	240	—	—	240	—	—	240
	6082-T4	—	—	210	—	—	210	—	—	210
	6082-T6	—	—	335	—	—	335	—	—	335
	6H13-T4	—	—	260	—	—	260	—	—	260
	6H13-T6	—	—	410	—	—	410	—	—	410
	6N01-T6	—	—	310	—	—	310	—	—	310
	7050-T6	—	—	600	—	—	600	—	—	600
	7020-T6	—	—	400	—	—	400	—	—	400
	5083-O/F	—	—	315	—	—	315	—	—	315
	5083-H112	—	—	315	—	—	315	—	—	315

3.4.4 铝合金材料的物理性能指标应按表 3.4.4 采用。

表 3.4.4 铝合金材料的物理性能指标

铝合金牌号	弹性模量 E (N/mm^2)	剪切模量 G (N/mm^2)	泊松比 ν	线膨胀系数 α (以每℃计)	质量密度 ρ (kg/m^3)
6061-T6	70000				
6063-T5	65000	27000	0.3	2.3×10^{-5}	2700
其他	68000				

3.4.5 常用环槽铆钉的承载力可按本标准附录 C 计算。

3.5 结构或构件的变形规定

3.5.1 铝合金格构结构在恒荷载与活荷载标准组合作用下的最大挠度值不宜超过表 3.5.1 中的容许挠度值。

表 3.5.1 铝合金格构结构的容许挠度值

结构体系	屋盖结构（短向跨度）	悬挑结构（悬挑长度）
网架	$l/250$	$l/125$
单层网壳	$l/400$	$l/200$
双层网壳 平面桁架、空间桁架	$l/250$	$l/125$

注：l 为结构跨度。

3.5.2 铝合金格构构件在恒荷载与活荷载标准组合作用下的最大挠度值不宜超过 $l/250$（l 为构件长度）；对悬臂构件，l 可取悬挑长度的 2 倍。

3.5.3 计算结构或构件的变形时，可不考虑螺栓（或铆钉）孔引起的截面削弱。

3.5.4 铝合金格构结构可预先起拱，其起拱值不宜大于短向跨度的 1/300。当仅为改善外观要求时，最大挠度可取恒荷载与活荷载标准组合作用下的挠度减去起拱值。

4 结构分析与验算

4.1 一般规定

4.1.1 铝合金格构结构的杆件上不宜承受集中荷载。杆件上作用集中荷载时,必须另行考虑局部弯曲内力的影响。

4.1.2 进行格构结构分析时,应根据支座节点构造及下部支承结构的特性确定边界约束条件;宜采用格构结构与下部支承结构整体建模的方法进行分析,当有可靠依据时也可将下部支承结构简化为等效弹簧约束进行分析。

4.1.3 铝合金格构结构的节点不应采用焊接连接,构件不宜采用焊接拼接。

4.1.4 分析双层、多层格构结构时可采用空间杆单元,节点可假定为铰接节点。分析单层网壳时应采用空间梁单元;当节点为半刚性节点时,应考虑节点弯曲刚度和轴向刚度对结构位移、承载力和稳定性的影响。

4.1.5 铝合金格构结构宜按下列要求进行防连续倒塌的概念设计:

1 采取减小偶然作用效应的措施。

2 采取使重要构件及关键节点避免直接遭受偶然作用的措施。

3 在结构容易遭受偶然作用影响的区域增加冗余约束,布置备用传力路径。

4 增强重要构件及关键节点的承载力和变形能力。

4.1.6 重要结构的防连续倒塌设计可采用下列方法:

1 对可能遭受偶然作用而发生局部破坏的重要构件和关键

节点,可提高其安全储备,也可直接考虑偶然作用进行设计。

2 可按一定规则去除结构的主要受力构件,验算剩余结构体系的极限承载力,并宜进行倒塌全过程分析。

4.2 结构选型

4.2.1 铝合金格构结构可采用平板网架、柱面网壳、球面网壳、椭球面网壳、双曲抛物面网壳、自由曲面网壳、平面桁架和空间桁架等结构型式。

4.2.2 铝合金格构结构的矢高或厚度应根据建筑要求、结构刚度、结整体稳定性综合确定。

4.2.3 平板型结构的起坡高度应根据建筑要求和屋面排水要求确定,并应考虑结构变形的影响。

4.2.4 铝合金格构结构的基本单元应根据结构型式、节点构造、相邻杆件夹角等要求综合确定。杆件之间的夹角不宜小于 30°,相邻杆件的截面面积差不宜大于较大截面面积的 30%。

4.2.5 铝合金格构结构的节点型式应由结构基本单元、杆件截面型式、节点连接构造以及加工制作和安装技术条件等因素确定。铝合金格构结构的节点型式可采用板式节点、螺栓球节点、毂式节点等。

4.2.6 铝合金格构结构的杆件截面型式应根据结构型式、节点型式、连接和围护构造、加工制作和安装技术条件等因素确定,并宜采用双轴对称截面。杆件宜采用挤压型材,单根杆件不宜拼接。

4.2.7 铝合金格构结构应便于制作、安装和维护。

4.3 分析与验算

4.3.1 铝合金格构结构的静力和小震弹性计算可采用线弹性分

析方法。

4.3.2 铝合金格构结构构件和连接的设计应符合现行国家标准《铝合金结构设计规范》GB 50429 中的有关规定。

4.3.3 铝合金格构结构的整体稳定性分析应考虑几何非线性的影响,且宜考虑材料非线性的影响。

4.3.4 铝合金材料的弹塑性本构关系可按本标准附录 D 确定。

4.3.5 进行整体稳定分析时,单层网壳结构的每根杆件宜划分为多个非线性空间梁单元。

4.3.6 铝合金格构结构整体稳定分析应考虑初始几何缺陷的影响。结构整体缺陷模式可采用结构的最低阶整体屈曲模态;但对于跨度较大或体型复杂的结构,整体缺陷模式宜补充考虑结构最低阶整体屈曲模态的重模态及其相近模态;缺陷幅值可取网壳短向跨度的 1/300。

4.3.7 铝合金格构结构整体稳定性分析应考虑多种不利的荷载标准组合;当活荷载参与组合时,应考虑活荷载的不利布置。

4.3.8 进行铝合金格构结构弹塑性全过程分析求得的第一个极值点处的荷载值,可作为网壳的稳定极限承载力。网壳稳定容许承载力(荷载取标准组合)应等于网壳稳定极限承载力除以整体稳定安全系数 K。整体稳定安全系数 K 的取值应不小于 2.2。

4.3.9 铝合金平板网架、双层网壳和单层网壳杆件的计算长度应按表 4.3.9-1 和表 4.3.9-2 取值。

表 4.3.9-1　平板网架和双层网壳的杆件计算长度 l_0

杆件	计算长度
弦杆和支座腹杆	l
腹杆	l

注:l 为杆件几何长度(节点中心间距离)。

表 4.3.9-2 单层网壳的杆件计算长度 l_0

构件失稳方向	计算长度
壳体曲面内	$0.9l$
壳体曲面外	$1.6l$

注:1 l 为杆件几何长度(节点中心间距离)。

2 对采用铝合金板式节点的单层网壳,尚可按下式确定其壳体曲面内计算长度:

$$l_0 = \mu l_n \qquad (4.3.9-1)$$

式中:l_0——杆件在壳体面内的计算长度;

μ——杆件在壳体面内的计算长度系数,应按表4.3.9-3确定;

l_n——杆件的净长度,即杆件两端节点板外缘间距。

表 4.3.9-3 铝合金板式节点网壳的杆件平面内计算长度系数

s/k_{2j} / s/k_{2i}	0	0.05	0.1	0.2	0.3	0.4	0.5	1	2	3	4	5	≥ 10
0.0	0.500	0.524	0.546	0.578	0.599	0.615	0.626	0.656	0.675	0.682	0.686	0.689	0.694
0.05	0.524	0.549	0.570	0.603	0.626	0.642	0.654	0.685	0.706	0.714	0.718	0.721	0.726
0.1	0.546	0.570	0.592	0.625	0.648	0.665	0.677	0.710	0.732	0.741	0.746	0.748	0.754
0.2	0.578	0.603	0.625	0.660	0.684	0.701	0.715	0.750	0.773	0.783	0.788	0.791	0.797
0.3	0.599	0.626	0.648	0.684	0.709	0.727	0.741	0.777	0.803	0.812	0.818	0.821	0.828
0.4	0.615	0.642	0.665	0.701	0.727	0.746	0.760	0.798	0.824	0.834	0.840	0.843	0.850
0.5	0.626	0.654	0.677	0.715	0.741	0.760	0.774	0.813	0.840	0.851	0.856	0.860	0.867
1.0	0.656	0.685	0.710	0.750	0.777	0.798	0.813	0.855	0.885	0.896	0.902	0.906	0.914
2.0	0.675	0.706	0.732	0.773	0.803	0.824	0.840	0.885	0.916	0.928	0.934	0.939	0.947
3.0	0.682	0.714	0.741	0.783	0.812	0.834	0.851	0.896	0.928	0.940	0.947	0.951	0.960
4.0	0.686	0.718	0.746	0.788	0.818	0.840	0.856	0.902	0.934	0.947	0.954	0.958	0.967
5.0	0.689	0.721	0.748	0.791	0.821	0.843	0.860	0.906	0.939	0.951	0.958	0.963	0.971
≥ 10	0.694	0.726	0.754	0.797	0.828	0.850	0.867	0.914	0.947	0.960	0.967	0.971	0.981

表中: s——杆件的线刚度,$s = EI_y/l_n$;

E——弹性模量;

I_y——杆件在壳体面内弯曲对应的截面惯性矩;

k_{2i},k_{2j}——杆件在两端节点(i,j)由于相邻杆件(每端杆件编号记为1,2,…,m,…,M)约束产生的转动刚度,可按式(4.3.9-2)计算;

$$k_{2i(j)} = \sum_{m=1}^{M} \eta_m \frac{3EI_m l_m^2}{(l_m - 2R)(l_m^2 - l_m R + R^2)} \qquad (4.3.9-2)$$

M——杆件在节点i或节点j端所连接杆件的总数;

η_m——相邻 m 号杆件的轴压力引起的约束刚度折减系数，$\eta_m=1-N/N_E$；

N——相邻 m 号杆件的轴压力设计值；

N_E——相邻 m 号杆件的欧拉临界力；

I_m——相邻 m 号杆件绕弱轴的截面惯性矩；

l_m——相邻 m 号杆件的几何长度(节点中心间距离)；

R——节点板半径。

4.3.10 凯威特型铝合金板式节点单层球面网壳的弹塑性整体稳定承载力可根据本标准附录 E 的规定进行估算。

4.4 地震响应分析与抗震验算

4.4.1 铝合金格构结构在多遇地震作用下的效应可采用振型分解反应谱法计算；体型复杂或重要的大跨度结构，应采用时程分析法进行补充计算。

4.4.2 采用时程分析法时，地震波的选取应符合现行国家标准《建筑抗震设计规范》GB 50011 和现行上海市工程建设规范《建筑抗震设计规程》DGJ 08－9 的规定。

4.4.3 采用振型分解反应谱法时，铝合金格构结构的地震效应计算应符合现行国家标准《建筑抗震设计规范》GB 50011 和现行上海市工程建设规范《建筑抗震设计规程》DGJ 08－9 的规定。

4.4.4 采用振型分解反应谱法计算铝合金格构结构地震效应时，参与组合振型数量选取应保证各方向质量参与系数累积值不小于 90%。

4.4.5 抗震分析应考虑支承体系对格构结构受力的影响，宜建立格构结构与支承体系的整体模型进行计算；亦可把支承体系简化为格构结构的弹性支承，按弹性支承模型进行计算。

4.4.6 铝合金格构结构的阻尼比可取 0.03。

5 节点设计

5.1 一般规定

5.1.1 结构计算模型应与节点构造相符。当节点构造复杂时，应进行节点试验或数值模拟计算。

5.1.2 紧固件的直径应不小于 $t/4.5$（t 为被连接板的总厚度）。

5.1.3 螺栓或铆钉的距离应符合表 5.1.3 的要求。

表 5.1.3 螺栓或铆钉的最大、最小容许距离

名称	位置和方向			最大容许距离		最小容许距离
				暴露于大气或腐蚀环境下	非暴露于大气或腐蚀环境下	
中心间距	中间排	垂直内力方向		$\min\{14t_m,200\}$	$\min\{14t_m,200\}$	$2.5d_0$
		顺内力方向	构件受压力	$\min\{14t_m,200\}$	$\min\{14t_m,200\}$	
			构件受拉力 外排	$\min\{14t_m,200\}$	$1.5\times\min\{14t_m,200\}$	
			内排	$\min\{28t_m,400\}$	$1.5\times\min\{28t_m,400\}$	
中心至构件边缘距离	顺内力方向			$4t_m+40$	$\max\{12t_m,150\}$	$2d_0$
	垂直内力方向					$1.5d_0$

注：d_0 为螺栓或铆钉的孔径，t_m 为外层较薄板件的厚度，单位为 mm。

5.1.4 螺栓和铆钉孔宜采用钻孔方法成型。

5.1.5 当铝合金材料与其他金属材料（不锈钢除外）接触时，应采取有效措施进行隔离。

5.2 板式节点

5.2.1 板式节点(图 5.2.1)由杆件和节点板通过紧固件(如螺栓、铆钉等)紧密连接而成。

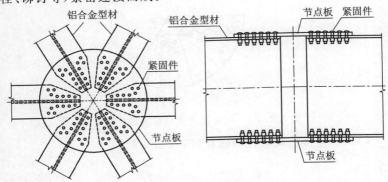

图 5.2.1 板式节点

5.2.2 节点板的厚度不宜小于 6mm。

5.2.3 单根杆件每端的每个翼缘连接紧固件的总数不应少于 4 个。

5.2.4 当节点域承受较大剪力时,其抗剪承载力应采用试验或数值模拟的方法确定。

5.2.5 节点板受拉时的块状拉剪破坏承载力可按下列规定验算:

    1 单连接区块状拉剪破坏(图 5.2.5-1)

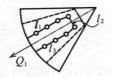

图 5.2.5-1 单连接区块状拉剪破坏示意

$$Q_1 \leqslant 0.6tf \sum_{i=1}^{3} \gamma_i l_i, \gamma_1 = \gamma_3 = 0.58, \gamma_2 = 1 \quad (5.2.5\text{-}1)$$

2 双连接区块状拉剪破坏(图 5.2.5-2)

$$Q_{1,2} \leqslant 0.6tf \sum_{i=1}^{5} \gamma_i l_i \qquad (5.2.5\text{-}2)$$

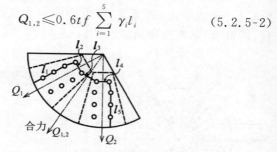

图 5.2.5-2 双连接区块状拉剪破坏示意

3 三连接区块状拉剪破坏(图 5.2.5-3)

$$Q_{1,2,3} = 0.6tf \sum_{i=1}^{7} \gamma_i l_i \qquad (5.2.5\text{-}3)$$

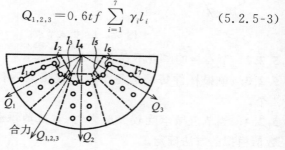

图 5.2.5-3 三连接区块状拉剪破坏示意

式中: Q_i——第 i 根杆件传递给节点板的剪力设计值;

$Q_{1,2}$——第 1 根和第 2 根杆件传递给节点板的剪力设计值的合力;

$Q_{1,2,3}$——第 1~3 根杆件传递给节点板的剪力设计值的合力;

t——节点板厚度;

f——铝合金材料的抗拉强度设计值;

l_i——第 i 条破坏边的净长度;

γ_i——第 i 条破坏边的材料等效破坏强度系数,应按下式计算:

— 20 —

$$\gamma_i = 1 \sqrt{1 + 2\cos^2 \varphi_i} \qquad (5.2.5\text{-}4)$$

φ_i——各破坏边和合剪力的夹角。

5.2.6 当螺栓或铆钉孔最小间距 x 满足下式要求时,可不进行节点板块状拉剪破坏承载力验算:

$$x \geqslant \frac{5.80n - 1}{n + 2}d_0 \qquad (5.2.6)$$

式中:x——螺栓或铆钉孔中心间距最小值;

d_0——螺栓或铆钉的孔径;

n——杆件一端单侧翼缘上的螺栓或铆钉个数。

5.2.7 节点板在受压时中心局部屈曲承载力设计值可按下式计算:

$$V_{cr} = \frac{1.2Et^3}{R_0(1 - \nu^2)} \qquad (5.2.7)$$

式中:V_{cr}——中心局部屈曲承载力设计值;

E——弹性模量;

t——节点板厚度;

R_0——节点板中心区半径,即节点板中点到最内排螺栓或铆钉孔中心距离;

ν——泊松比。

5.2.8 节点板中心区半径与厚度的比值满足下式要求时,可不进行中心区局部屈曲承载力验算:

$$\frac{R_0}{t} \leqslant 17 \sqrt{\frac{240}{f_{0.2}}} \qquad (5.2.8)$$

式中:$f_{0.2}$——铝合金名义屈服强度标准值。

5.2.9 验算杆件翼缘净截面拉断承载力时,应取最不利截面进行验算,不考虑腹板的有利作用。

5.2.10 铝合金板式节点的非线性刚度可按本标准附录 E 进行计算。

5.3 螺栓球节点

5.3.1 螺栓球节点(图 5.3.1)可用于小跨度双层网架或网壳。

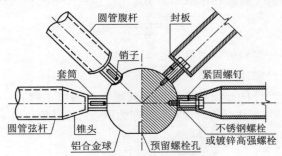

图 5.3.1 螺栓球节点典型构造

5.3.2 螺栓球节点的构造可根据现行行业标准《空间网格结构技术规程》JGJ 7 中相应的规定确定。当杆件直径不小于 60mm 时,应采用锥头连接;当杆件直径小于 60mm 时,可采用封板或锥头连接。

5.3.3 螺栓球支座节点可采用图 5.3.3 所示的构造。

5.3.4 螺栓球节点的锥头和杆件的连接强度应通过试验进行验证。

5.3.5 铝合金球的直径应按下列规定确定:

1 应保证相邻螺栓在球体内不相碰,并应满足套筒接触面的要求(图 5.3.5),可分别按下列公式核算,并按计算结果中的较大者选用:

$$D \geqslant \sqrt{\left(\frac{d_s^b}{\sin\theta} + d_1^b \cot\theta + 2\xi d_1^b\right)^2 + (\lambda d_1^b)^2} \quad (5.3.5\text{-}1)$$

$$D \geqslant \sqrt{\left(\frac{\lambda d_s^b}{\sin\theta} + \lambda d_1^b \cot\theta\right)^2 + (\lambda d_1^b)^2} \quad (5.3.5\text{-}2)$$

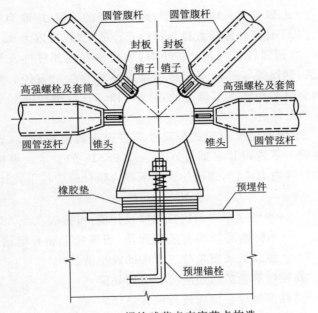

图 5.3.3 螺栓球节点支座节点构造

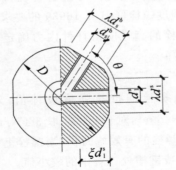

图 5.3.5 螺栓球尺寸

式中:D——铝合金球的直径(mm);

θ——两相邻螺栓之间的最小夹角(rad);

d_1^b——两相邻螺栓的较大直径(mm);

d_s^b——两相邻螺栓的较小直径(mm);

ξ——螺栓拧入球体长度与螺栓直径的比值,应取为1.5;

λ——套筒外接圆直径与螺栓直径的比值,可取为1.8。

2 当相邻杆件夹角 θ 较小时,尚应根据相邻杆件及相关封板、锥头、套筒等零部件不相碰的要求核算螺栓球直径。此时可通过检查可能相碰点至球心的连线与相邻杆件轴线间的夹角不大于 θ 的条件进行核算。

5.3.6 不锈钢螺栓的形式与尺寸应符合现行国家标准《紧固件机械性能 不锈钢紧定螺钉》GB/T 3098.16 的要求。螺栓的直径应由杆件内力确定,螺栓的受拉承载力设计值应按下式计算:

$$N_t^b = A_{eff} f_t^b \qquad (5.3.6)$$

式中:f_t^b——不锈钢螺栓的抗拉强度设计值,可按表3.4.3取值;

A_{eff}——不锈钢螺栓的有效截面积,当螺栓上钻有键槽时,取螺纹处或键槽处二者中的较小值。

5.3.7 高强度螺栓的选用应符合下列规定:

1 高强度螺栓表面应进行镀锌处理。

2 高强度螺栓的形式与尺寸应符合现行国家标准《钢网架螺栓球节点用高强度螺栓》GB/T 16939 的要求。

3 高强度螺栓的直径应由杆件内力确定,其受拉承载力设计值应按下式计算:

$$N_t^b = A_{eff} f_t^b \qquad (5.3.7)$$

式中:f_t^b——高强螺栓的抗拉强度设计值,对于 10.9 级,取 $430N/mm^2$,对于 98 级,取 $385N/mm^2$;

A_{eff}——高强螺栓的有效截面积,当螺栓上钻有键槽时,取螺纹处或键槽处二者中的较小值。

5.3.8 受压杆件的连接螺栓直径,可按其内力设计值的绝对值求得螺栓直径计算值后,按螺栓规格减小 1~3 个级差。

5.3.9 套筒(即六角形无纹螺母)的选用应符合下列规定:

1 套筒的外形尺寸应符合扳手开口系列模数,端部应平整,内孔径可比螺栓直径大 1mm。

2 套筒可按现行国家标准《钢网架螺栓球节点用高强度螺栓》GB/T 16939 的规定与高强度螺栓配套采用,受压杆件的套筒应根据其传递的最大压力值验算其抗压承载力和端部有效截面的局部承压承载力。

3 对于开设滑槽的套筒应验算套筒端部到滑槽端部的距离,应使该处有效截面的抗剪力不低于紧固螺钉的抗剪力,且不小于 1.5 倍滑槽宽度。

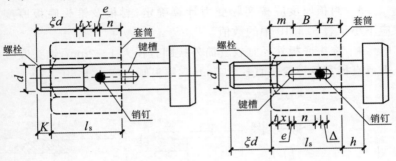

图 5.3.9 套筒长度和螺栓长度

图中:t——螺纹根部到滑槽的附加余量,取 2 个丝扣;

x——螺纹收尾长度;

e——紧固螺钉的半径;

Δ——滑槽预留量,一般取 4mm。

套筒长度 l_s(mm)和螺栓长度 l(mm)可按下列公式计算(图 5.3.9):

$$l_s = m + B + n \qquad (5.3.9\text{-}1)$$

$$l = \xi d + l_s + h \qquad (5.3.9\text{-}2)$$

式中:B——滑槽长度(mm);

ξd——螺栓伸入铝球长度(mm),d 为螺栓直径,ξ 取 1.5;

m——滑槽端部紧固螺钉中心到套筒端部的距离(mm);

n——滑槽顶部紧固螺钉中心到套筒顶部的距离(mm);

K——螺栓露出套筒距离(mm),预留 4~5mm,但不应少于

2个丝扣；

　　h——锥头底板厚度或封板厚度。

5.3.10 杆件端部连接应符合下列规定：

　　1 应采用锥头或封板连接，并宜采用挤压方式连接（图5.3.10）。

　　2 连接部位的承载力不应低于连接管件的承载力的95%，锥头任何截面的承载力都不应低于连接管件的承载力。

　　3 封板厚度应按实际受力计算确定，封板及锥头底板厚度应不小于表5.3.10中的数值。

　　4 锥头底板外径宜较套筒外接圆直径大1~2mm，锥头底板平台直径宜较螺栓头直径大2mm。锥头倾角应小于40°。

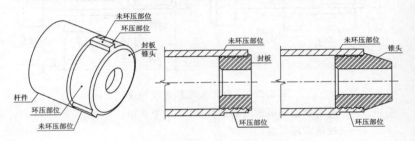

图 5.3.10　杆件端部挤压连接

表 5.3.10　封板及锥头底板厚度

螺栓规格	封板/锥头底厚（mm）	螺栓规格	封板/锥头底厚（mm）
M12、M14	12	M20~M24	16
M16	14	M27~M36	30

5.3.11 封板机械连接抗拉强度验算应符合下列规定：

　　1 当封板厚度较小时，铝管环压部位（图5.3.11）可能发生拉剪组合破坏，其受拉承载力设计值可按下式计算：

$$N_t^b = fA_{Et} + f_v A_v \qquad (5.3.11-1)$$

　　2 当封板厚度较大时，铝管端部截面可能发生受拉破坏，其受拉承载力设计值可按下式计算：

$$N_t^b = f A_t \qquad (5.3.11\text{-}2)$$

式中：f——铝合金的抗拉强度设计值；

f_v——铝合金的抗剪强度设计值；

A_{Et}——铝管端部环压部位截面面积；

A_v——铝管端部环压部位与未环压部位交界面处剪切面面积；

A_t——铝管端部环压部位与未环压部位总截面面积之和，$A_t = A_{Et} + A_{nEt}$；

A_{nEt}——铝管端部未环压部位的截面面积。

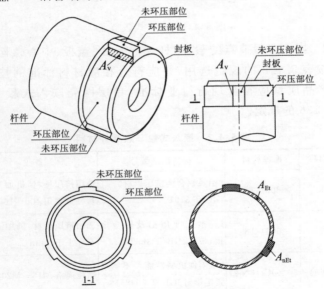

图 5.3.11　铝管端部环压部位详图

5.4　毂式节点

5.4.1　当杆件采用圆管,单层球面网壳跨度不大于 60m 或单层

柱面网壳跨度不大于 30m 时,可采用嵌入式毂节点(图 5.4.1)
体系。

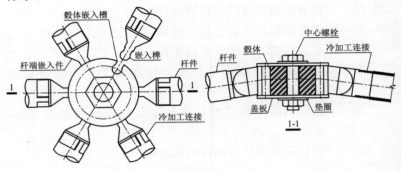

图 5.4.1 嵌入式毂节点

5.4.2 嵌入式毂节点的毂体、杆端嵌入件、盖板、中心螺栓的材
料可按表 5.4.2 的规定选用,并应符合相应材料标准的技术条
件。产品质量应符合现行行业标准《单层网壳嵌入式毂节点》
JG/T 136 的规定。

表 5.4.2 嵌入式毂节点零件材料

零件名称	推荐材料	材料标准编号	备注
毂体	6061-T6	《铝及铝合金挤压棒材》GB/T 3191	选用挤压棒材,机加工毂体直径宜采用 100~165mm
盖板	6061-T6	《一般工业用铝及铝合金板、带材》GB/T 3880.2	选用挤压板材,机加工厚度不宜小于 4mm
中心螺栓	304(0Cr18Ni9)	《紧固件机械性能 不锈钢紧定螺钉》GB/T 3098.16	螺栓规格 M16~M20
杆件嵌入件	6061-T6	《铝及铝合金挤压棒材》GB/T 3191	选用挤压棒材,机加工

5.4.3 嵌入式毂节点杆件与杆端嵌入件不应采用焊接连接,杆件端部应通过冷加工成型。

5.4.4 嵌入式毂节点的毂体嵌入槽以及与其配合的嵌入榫宜呈圆柱状[图 5.4.4-1(a)、图 5.4.4-1(b)]。嵌入榫的中线和与其相连杆件轴线的垂线之间的夹角,即杆件端嵌入榫倾角 φ[图 5.4.4-1(b)],可按下列公式计算:

1 球面网壳杆件及柱面网壳的环向杆件

$$\varphi = \arcsin\left(\frac{l}{2r}\right) \qquad (5.4.4\text{-}1)$$

2 柱面网壳的斜杆

$$\varphi = \arcsin\left(\frac{2r\sin^2\frac{\beta}{2}}{\sqrt{4r^2\sin^2\frac{\beta}{2} + \frac{l_b^2}{4}}}\right) \qquad (5.4.4\text{-}2)$$

式中:r——球面或柱面网壳的曲率半径;

　　　l——杆件几何长度;

　　　β——柱面网壳相邻母线所对应的中心角(图 5.4.4-2);

　　　l_b——斜杆所对应的三角形网格底边几何长度,对于单向斜杆及交叉斜杆正交正放网格网壳按图 5.4.4-2(a)取用,对于联方网格及三向网格网壳按图 5.4.4-2(b)取用。

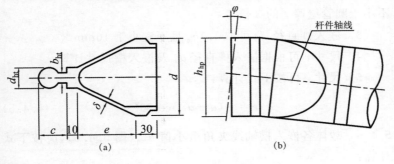

图 5.4.4-1 嵌入件的主要尺寸

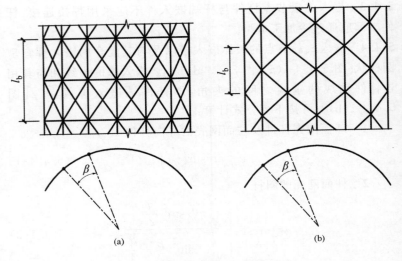

图 5.4.4-2 柱面网壳尺寸与角度

5.4.5 嵌入件的几何尺寸（图 5.4.4-1）应按下列计算方法及构造要求进行设计：

1 嵌入件颈部宽度 b_{hp} 应按与杆件等强原则计算，宽度 b_{hp} 及高度 h_{hp} 应按拉弯或压弯构件进行强度验算。

2 当杆件为圆管且嵌入件高度 h_{hp} 取圆管外径 d 时，宽度 b_{hp} 不小于圆管壁厚 t_c 的 3 倍。

3 嵌入榫直径 d_{ht} 可取 $1.7b_{hp}$ 且不宜小于 16mm。

4 尺寸 c 可根据嵌入榫直径 d_{ht} 及嵌入槽尺寸计算。

5 尺寸 e 可按下式计算：

$$e = \frac{1}{2}(d - d_{ht})\cot 30°$$ (5.4.5)

5.4.6 毂体各嵌入槽轴线夹角最小值 θ_{min}（图 5.4.6），应按下式计算：

$$\theta_{min} = \arccos\left(\frac{\cos\theta_0 - \sin\varphi_1 \sin\varphi_2}{\cos\varphi_1 \cos\varphi_2}\right)$$ (5.4.6)

式中：θ_0——相汇交两杆件的夹角，可按三角形网格用余弦定理
计算；

φ_1，φ_2——相汇交两杆件的杆端嵌入榫倾角[图 5.4.4-1(b)]。

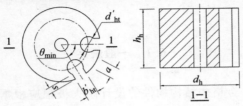

图 5.4.6　毂体各主要尺寸

5.4.7　铝管端部压扁后，杆件端部区域材料的强度可乘以提高
系数 1.1;杆件端部截面面积应乘以折减系数 0.72。

6 防火设计

6.1 一般规定

6.1.1 铝合金格构结构构件的设计耐火极限应根据建筑的耐火等级,按相关标准确定。

6.1.2 铝合金格构结构构件的耐火极限经验算低于设计耐火极限时,应采取防火保护措施。

6.1.3 铝合金格构结构耐火承载力极限状态的最不利荷载(作用)效应组合设计值,应考虑火灾时结构上可能同时出现的荷载(作用),且应按下列组合值中的最不利值确定:

$$S_\mathrm{m} = \gamma_{0T} (\gamma_G S_{Gk} + S_{Tk} + \phi_f S_{Qk}) \qquad (6.1.3-1)$$

$$S_\mathrm{m} = \gamma_{0T} (\gamma_G S_{Gk} + S_{Tk} + \phi_q S_{Qk} + \phi_w S_{Wk}) \qquad (6.1.3-2)$$

式中:S_m——荷载(作用)效应组合的设计值;

S_{Gk}——按永久荷载标准值计算的荷载效应值;

S_{Tk}——按火灾下结构的温度变化标准值计算的作用效应值;

S_{Qk}——按楼面或屋面活荷载标准值计算的荷载效应值;

S_{Wk}——按风荷载标准值计算的荷载效应值;

γ_{0T}——结构重要性系数,对于耐火等级为一级的建筑,$\gamma_{0T} = 1.1$,对于其他建筑,$\gamma_{0T} = 1.0$;

γ_G——永久荷载的分项系数,一般情况下 $\gamma_G = 1.0$,当永久荷载有利时 $\gamma_G = 0.9$;

ϕ_w——风荷载的频遇值系数,可取 $\phi_w = 0.4$;

ϕ_f——楼面或屋面活荷载的频遇值系数,应按现行国家标准《建筑结构荷载规范》GB 50009 的规定取值;

ϕ_q——楼面或屋面活荷载的准永久值系数,应按现行国家标准《建筑结构荷载规范》GB 50009 的规定取值。

6.1.4 铝合金格构结构构件耐火验算应符合下列规定:

1 计算火灾下构件的组合效应时,对于受弯构件、拉弯构件和压弯构件等以弯曲变形为主的构件,可不考虑热膨胀效应;对于轴心受拉、轴心受压等以轴向变形为主的构件,应考虑热膨胀效应对内力的影响。

2 计算火灾下构件的承载力时,构件温度应取其截面的最高平均温度,并应采用结构材料在相应温度下的强度与弹性模量。

6.1.5 铝合金格构结构构件的耐火验算和防火设计,可采用耐火极限法或承载力法,且应符合下列规定:

1 耐火极限法

在设计荷载作用下,火灾下铝合金格构结构构件的实际耐火极限不应小于其设计耐火极限,并应按下式进行验算。其中,构件的实际耐火极限可按现行国家标准《建筑构件耐火试验方法》GB/T 9978 通过试验测定。

$$t_m \geqslant t_d \qquad (6.1.5\text{-}1)$$

式中:t_d——构件的设计耐火极限;

t_m——构件的实际耐火极限。

2 承载力法

在设计耐火极限时间内,火灾下铝合金格构结构构件的承载力设计值不应小于其最不利的荷载(作用)组合效应设计值,并应按下式进行验算:

$$R_d \geqslant S_m \qquad (6.1.5\text{-}2)$$

式中:R_d——构件的抗力设计值。

6.1.6 铝合金格构结构表面长期受辐射热温度达 80℃ 以上时,应加隔热层或采用其他有效防护措施。

6.2 高温下的材料特性

6.2.1 高温下铝合金的热工参数应按表6.2.1确定。

表6.2.1 高温下铝合金的热工参数

参数		符号	数值	单位
热膨胀系数		α_{al}	2.36×10^{-5}	m/(m·℃)
热传导系数	3×××和6×××系	λ_{al}	197	W/(m·℃)
	5×××和7×××系		150	W/(m·℃)
比热容		c_d	944	J/(kg·℃)
密度		ρ_d	2700	kg/m³

6.2.2 高温下铝合金抗拉、抗压强度设计值 f_T 应按下式计算：

$$f_T = k_T f \qquad (6.2.2)$$

式中：k_T——高温下铝合金抗拉、抗压强度折减系数。常用铝合金的高温强度折减系数可按表6.2.2取值；对于不在表6.2.2中的铝合金牌号，应通过试验确定。

f——常温下铝合金抗拉、抗压强度设计值。

表6.2.2 常用铝合金高温强度折减系数 k_T

铝合金牌号	20℃	100℃	150℃	200℃	250℃	300℃	350℃	550℃
3004-H34	1.00	1.00	0.98	0.57	0.31	0.19	0.13	0
5083-O	1.00	1.00	0.98	0.90	0.75	0.40	0.22	0
6061-T4	1.00	0.92	0.85	0.83	0.71	0.40	0.25	0
6061-T6	1.00	0.95	0.91	0.79	0.55	0.31	0.10	0
6063-T5	1.00	0.92	0.87	0.76	0.49	0.29	0.14	0
6063-T6	1.00	0.91	0.84	0.71	0.38	0.19	0.09	0
6H13-T4	1.00	0.92	0.85	0.83	0.71	0.40	0.25	0
6H13-T6	1.00	0.95	0.91	0.79	0.55	0.31	0.10	0
6082-T4	1.00	1.00	0.84	0.77	0.77	0.34	0.19	0
6082-T6	1.00	0.95	0.91	0.79	0.59	0.48	0.37	0
6N01-T6	1.00	0.89	0.82	0.76	0.71	0.61	0.54	0
7020-T6	1.00	0.92	0.90	0.78	0.65	0.44	0.28	0
7075-T6	1.00	0.94	0.76	0.50	0.22	0.10	0.06	0

6.2.3 高温下铝合金的弹性模量的折减系数 E_T/E 可采用表 6.2.3中的数值。

表 6.2.3 结构用铝合金高温弹性模量的折减系数 E_T/E

温度 T(℃)	20℃	100℃	150℃	200℃	250℃	300℃	350℃	550℃
E_T/E	1.00	0.97	0.93	0.86	0.78	0.68	0.54	0

6.3 高温下轴心受力构件承载力验算

6.3.1 高温下铝合金轴心受力构件的强度应按下式验算：

$$\frac{N}{A_n} \leqslant k_T f \qquad (6.3.1)$$

式中：N——火灾下构件的轴向拉力或轴向压力设计值；

A_n——构件的净截面面积；

k_T——T℃下铝合金强度折减系数。

6.3.2 高温下铝合金轴心受压构件的稳定承载力应按下式验算：

$$\frac{N}{\overline{\varphi}_T A} \leqslant k_T f \qquad (6.3.2\text{-}1)$$

式中： N——高温下构件的轴向压力设计值。

A——构件的毛截面面积。

$\overline{\varphi}_T$——铝合金轴心受压构件的稳定计算系数，应按式（6.3.2-2）计算。

$$\overline{\varphi}_T = \eta_e \eta_{haz} \varphi_T \qquad (6.3.2\text{-}2)$$

η_e——考虑板件局部屈曲的修正系数，按现行国家标准《铝合金结构设计规范》GB 50429 确定。

η_{haz}——焊接缺陷影响系数，按现行国家标准《铝合金结构设计规范》GB 50429 确定；若无焊接时，取 $\eta_{haz} = 1$。

φ_T——温度为 T℃时铝合金轴心受压构件的整体稳定系数，应按式（6.3.2-3）计算。

$$\varphi_T = \frac{1}{2\bar{\lambda}^2} \left[(\bar{\lambda}^2 + 1 + \eta_T) - \sqrt{(\bar{\lambda}^2 + 1 + \eta_T)^2 - 4\bar{\lambda}^2} \right]$$

$$(6.3.2-3)$$

$\bar{\lambda}$——铝合金轴心受压构件的相对长细比,应按式(6.3.2-4)计算。

$$\bar{\lambda} = \frac{\lambda}{\pi} \sqrt{\frac{\eta_e f}{E}} \qquad (6.3.2-4)$$

λ——铝合金轴心受压构件的长细比。

η_T——轴压构件考虑初始弯曲及初偏心的系数,应按式(6.3.2-5)计算。

$$\eta_T = \alpha_T (\bar{\lambda} - \bar{\lambda}_{0,T}) \qquad (6.3.2-5)$$

α_T——轴压构件初始缺陷计算参数,应按式(6.3.2-6a)和式(6.3.2-7a)计算。式中,温度 T 的适用范围为 20℃~350℃。

$\bar{\lambda}_{0,T}$——轴压构件初始缺陷计算参数,应按式(6.3.2-6b)和式(6.3.2-7b)计算。式中,温度 T 的适用范围为 20℃~350℃。

对于热处理状态为 T6 的铝合金:

$$\alpha_T = 1.5027 \times 10^{-8} T^3 - 6.1711 \times 10^{-6} T^2 +$$
$$8.7545 \times 10^{-4} T + 0.1848 \qquad (6.3.2-6a)$$
$$\bar{\lambda}_{0,T} = -1.9894 \times 10^{-8} T^3 + 9.7313 \times 10^{-6} T^2 -$$
$$1.5348 \times 10^{-3} T + 0.1769 \qquad (6.3.2-6b)$$

对于热处理状态为其他情况的铝合金:

$$\alpha_T = 1.5988 \times 10^{-8} T^3 - 4.3079 \times 10^{-6} T^2 +$$
$$3.2619 \times 10^{-4} T + 0.3451 \qquad (6.3.2-7a)$$
$$\bar{\lambda}_{0,T} = -1.0980 \times 10^{-8} T^3 + 5.5581 \times 10^{-6} T^2 -$$
$$9.0582 \times 10^{-4} T + 0.1160 \qquad (6.3.2-7b)$$

6.4 高温下受弯构件承载力验算

6.4.1 高温下,在主平面内受弯的构件,其抗弯强度应按下式计算:

$$\frac{M_x}{W_{enx}} + \frac{M_y}{W_{eny}} \leqslant k_T f \qquad (6.4.1)$$

式中:M_x——高温下最不利截面处绕 x 轴弯矩设计值;

M_y——高温下最不利截面处绕 y 轴弯矩设计值;

W_{enx}——绕 x 轴的有效净截面模量,应同时考虑局部屈曲、焊接热影响区以及截面孔洞的影响;

W_{eny}——绕 y 轴的有效净截面模量,应同时考虑局部屈曲、焊接热影响区以及截面孔洞的影响。

6.4.2 高温下,在主平面内受弯的构件,其整体弯扭稳定承载力应按下式计算:

$$\frac{M_x}{\varphi_{b,T} W_{ex}} \leqslant k_T f \qquad (6.4.2\text{-}1)$$

式中:M_x——高温下最不利截面处绕 x 轴弯矩设计值;

W_{ex}——截面绕强轴的抗弯模量;

$\varphi_{b,T}$——高温下铝合金受弯构件的整体稳定系数,应按式(6.4.2-2)计算,对闭口截面,取 1.0;

$$\varphi_{b,T} = \frac{1 + \eta_{b,T} + \bar{\lambda}_b^2}{2\bar{\lambda}_b^2} \sqrt{\left(\frac{1 + \eta_{b,T} + \bar{\lambda}_b^2}{2\bar{\lambda}_b^2}\right)^2 - \frac{1}{\bar{\lambda}_b^2}} \quad (6.4.2\text{-}2)$$

$\bar{\lambda}_b$——受弯构件的相对长细比,应按式(6.4.2-3)计算;

$$\bar{\lambda}_b = \sqrt{W_{ex} f / M_{cr}} \qquad (6.4.2\text{-}3)$$

M_{cr}——受弯构件的临界弯矩,应按现行国家标准《铝合金结构设计规范》GB 50429 计算;

$\eta_{b,T}$——受弯构件考虑初始弯曲及初偏心的系数,应按式(6.4.2-4)计算;

$$\eta_{b,T} = \alpha_{b,T}(\bar{\lambda}_b - \bar{\lambda}_{0b,T}) \tag{6.4.2-4}$$

$\alpha_{b,T}$——受弯构件初始缺陷计算参数,应按式(6.4.2-5a)和式(6.4.2-6a)计算,式中,温度 T 的适用范围为 20℃~350℃。

$\bar{\lambda}_{0b,T}$——受弯构件初始缺陷计算参数,应按式(6.4.2-5b)和式(6.4.2-6b)计算,式中,温度 T 的适用范围为 20℃~350℃。

对于热处理状态为 T6 的铝合金:

$$\alpha_{b,T} = -8.5744 \times 10^{-9} T^3 + 5.8146 \times 10^{-6} T^2 -$$
$$1.1752 \times 10^{-3} T + 0.2212 \tag{6.4.2-5a}$$

$$\bar{\lambda}_{0b,T} = -4.4298 \times 10^{-8} T^3 + 2.2844 \times 10^{-5} T^2 -$$
$$3.8192 \times 10^{-3} T + 0.4276 \tag{6.4.2-5b}$$

对于热处理状态为其他情况的铝合金:

$$\alpha_{b,T} = 9.0794 \times 10^{-9} T^3 - 1.6026 \times 10^{-6} T^2 -$$
$$2.6777 \times 10^{-4} T + 0.2559 \tag{6.4.2-6a}$$

$$\bar{\lambda}_{0b,T} = 1.5179 \times 10^{-10} T^3 - 9.1107 \times 10^{-7} T^2 +$$
$$1.8070 \times 10^{-4} T + 0.2982 \tag{6.4.2-6b}$$

6.5 高温下拉弯、压弯构件承载力验算

6.5.1 高温下,弯矩作用在两个主平面内的铝合金拉弯、压弯构件的强度应符合下列规定:

1 除圆管截面外,弯矩作用在两个主平面内的拉弯构件和压弯构件,其截面强度应按下式计算:

$$\frac{N}{A_n} + \frac{M_x}{W_{enx}} + \frac{M_y}{W_{eny}} \leqslant k_T f \tag{6.5.1-1}$$

2 弯矩作用在两个主平面内的圆形截面拉弯构件和压弯构件,其截面强度应按下式计算:

$$\frac{N}{A_n} + \frac{\sqrt{M_x^2 + M_y^2}}{W_{en}} \leqslant k_T f \qquad (6.5.1\text{-}2)$$

式中:N——高温下构件的轴力设计值;

$\quad M_x$——高温下最不利截面处绕 x 轴弯矩设计值;

$\quad M_y$——高温下最不利截面处绕 y 轴弯矩设计值;

$\quad A_n$——最不利截面的净截面面积;

$\quad W_{enx}$——绕 x 轴的有效净截面模量,应同时考虑局部屈曲、焊接热影响区以及截面孔洞的影响;

$\quad W_{eny}$——绕 y 轴的有效净截面模量,应同时考虑局部屈曲、焊接热影响区以及截面孔洞的影响;

$\quad W_{en}$——截面有效净截面模量,应同时考虑局部屈曲、焊接热影响区以及截面孔洞的影响。

6.5.2 高温下弯矩作用在对称平面内(绕强轴)的铝合金实腹式压弯构件,其稳定承载力应按下列规定验算:

1 弯矩作用平面内的稳定承载力

$$\frac{N}{\overline{\varphi}_{x,T}A} + \frac{\beta_{mx}M_s}{\gamma_x W_{lex}(1 - \eta_1 N/N_{Ex,T})} \leqslant K_T f \qquad (6.5.2\text{-}1)$$

式中:N——高温下构件的轴力设计值;

$\quad M_x$——高温下构件的弯矩设计值;

$\quad f$——常温下铝合金材料的强度设计值;

$\quad \overline{\varphi}_{x,T}$——高温下铝合金轴压构件绕 x 轴的整体稳定系数,可根据式(6.3.2-2)计算;

$\quad \beta_{mx}$——等效弯矩系数,根据现行国家标准《铝合金结构设计规范》GB 50429 的规定确定;

$\quad \gamma_x$——截面塑性发展系数,根据现行国家标准《铝合金结构设计规范》GB 50429 的规定确定;

$\quad W_{lex}$——在弯矩作用平面内对较大受压纤维的有效截面模量,应同时考虑局部屈曲和焊接热影响区的影响;

η_1——系数,对于热处理状态为 T6 的铝合金取 0.75,对于其他铝合金取 0.9;

$N_{Ex,T}$——T℃下理想轴压构件的绕 x 轴失稳的欧拉荷载,$N_{Ex,T} = \pi^2 E_T A/(1.1\lambda_x^2)$。

2 弯矩作用平面外的稳定承载力

$$\frac{N}{\bar{\varphi}_{y,T}A} + \frac{M_x}{\varphi_{b,T}W_{lex}} \leqslant k_T f \qquad (6.5.2-2)$$

式中:$\bar{\varphi}_{y,T}$——高温下铝合金轴压构件绕 y 轴的整体稳定系数,可根据式(6.3.2-2)计算;

$\varphi_{b,T}$——高温下铝合金受弯构件的整体稳定系数,可根据式(6.4.2-2)计算。

6.5.3 高温下,弯矩作用在两个主平面内的双轴对称实腹式工字形和箱形截面的压弯构件,其稳定承载力应按下列规定验算:

$$\frac{N}{\bar{\varphi}_{x,T}A} + \frac{M_x}{\gamma_x(1-\eta_1 N/N_{Ex,T})W_{ex}} + \frac{\eta_{My}}{\varphi_{by,T}W_{ey}} \leqslant k_T f$$

$$(6.5.3-1)$$

$$\frac{N}{\bar{\varphi}_{y,T}A} + \frac{\eta_{Mx}}{\varphi_{bx,T}W_{ex}} + \frac{M_y}{\gamma_y(1-\eta_1 N/N_{Ey,T})W_{ey}} \leqslant k_T f$$

$$(6.5.3-2)$$

式中: $\varphi_{x,T}$——T℃下铝合金轴压构件的整体稳定系数,应按式(6.3.2-3)计算;

$\varphi_{y,T}$——T℃下铝合金轴压构件的整体稳定系数,应按式(6.3.2-3)计算;

$\varphi_{bx,T}$——T℃下铝合金受弯构件的整体稳定系数,应按式(6.4.2-2)计算,对于闭口截面取 1.0;

$\varphi_{by,T}$——T℃下铝合金受弯构件的整体稳定系数,应按式(6.4.2-2)计算,对于闭口截面取 1.0;

$N_{Ey,T}$——T℃下理想轴压构件的绕 y 轴失稳的欧拉荷载,$N_{Ey,T} = \pi^2 E_T A/(1.1\lambda_y^2)$;

η——截面影响系数,对于闭口截面取 0.7,开口截面取
1.0;

W_{ex}——截面绕强轴的抗弯模量,应同时考虑局部屈曲和
焊接热影响区的影响;

W_{ey}——截面绕弱轴的抗弯模量,应同时考虑局部屈曲和
焊接热影响区的影响。

6.6 高温下板式节点承载力验算

6.6.1 高温下铝合金板式节点的块状拉剪承载力应根据下式
计算:

$$V_{u,T} = \xi_{u,T} k_T V_u \qquad (6.6.1\text{-}1)$$

式中:$V_{u,T}$——T℃下铝合金板式节点的块状拉剪破坏承载力。

V_u——常温下铝合金板式节点的块状拉剪破坏承载力,可
根据第 5.2.5 条计算。

$\xi_{u,T}$——T℃下节点板块状拉剪破坏承载力高温影响系数,
应按式(6.6.1-2)确定;式中,温度 T 的适用范围
为 20℃~350℃,当 $\xi_{u,T} > 1.58$ 时,取 $\xi_{u,T} = 1.58$。

$$\xi_{u,T} = 1.0111 \times 10^{-5} T^2 - 1.3663 \times 10^{-3} T + 1.0232$$

$$(6.6.1\text{-}2)$$

6.6.2 高温下铝合金板式节点的中心屈曲破坏承载力应根据下
式计算:

$$V_{cr,T} = \frac{1.2}{R_c} \times \frac{E_T t^3 \xi_{cr,T}}{(1-\nu^2)} \qquad (6.6.2\text{-}1)$$

式中:$V_{cr,T}$——T℃下铝合金板式节点的屈曲破坏承载力;

$\xi_{cr,T}$——节点板屈曲破坏承载力高温影响系数,应按
式(6.6.2-2)确定,式中,温度 T 的适用范围为
20℃~350℃。

$$\xi_{\text{cr,T}} = -4.0301 \times 10^{-6} T^2 + 1.2383 \times 10^{-3} T + 0.9792$$

（6.6.2-2）

E_{T}——$T℃$下铝合金材料的弹性模量；

R_{c}——节点板中心距杆件端部距离；

ν——铝合金材料的泊松比。

6.6.3 高温下铝合金板式节点在网壳曲面外的弯曲刚度可按本标准附录 E 进行计算。

7 制作和安装

7.1 一般规定

7.1.1 结构的零部件制作应具备下列条件:

1 合格的工艺技术条件。

2 根据设计文件编制的深化图、加工详图及技术要求。

7.1.2 结构零部件出厂时应具备下列文件资料:

1 加工详图和技术要求。

2 铝合金材料和其他材料的质量证明书和试验报告。

3 零部件的质量检验记录。

4 零部件产品合格证和试验报告。

5 分项工程质量检验评定资料。

6 (试)拼装几何尺寸检查记录。

7.1.3 结构零部件制作所使用的检测方法和检测工具应符合下列规定:

1 所使用的量具、仪器和仪表必须经计量单位检验合格,且在规定的有效期内。

2 应按被检测零部件的形状、位置和尺寸大小,选择合适量程的量具、仪器。总尺寸不得通过分段测量后累加得到。

3 应按被测零部件尺寸公差的要求选择量具、仪器的精度。

7.1.4 结构工程施工前准备应符合下列规定:

1 施工前应根据设计文件、施工详图的要求及制作单位或施工现场的条件编制施工组织设计。

2 施工组织设计中,应根据施工方案对安装过程中结构的强度和稳定承载力进行验算。

7.1.5 铝合金格构结构的安装方法,应根据结构工程特点,结合进度要求、经济性及现场施工技术条件综合确定。安装施工方法和要求可按现行行业标准《空间网格结构技术规程》JGJ 7 的规定执行。

7.1.6 结构的安装验算应符合下列规定:

    1 当采用整体吊装或提升工艺时,应分别对格构结构各吊点反力、竖向位移、杆件内力、提升或顶升时支承柱的稳定性和风载、温度作用下格构结构的水平推力等进行验算;当验算不满足要求时,应采取临时加固措施。

    2 当格构结构分割成条、块状或采用悬挑法安装时,应对各相应施工工况进行验算,并应对验算结果不满足要求的杆件和节点进行调整。

    3 安装用支架或起重设备拆除前应对相应各阶段工况进行验算。

7.1.7 铝合金格构结构螺栓球节点中的高强度螺栓拧紧后,应对高强度螺栓的拧紧情况逐一检查;且压杆的套筒和螺栓球之间不得存在缝隙。

7.1.8 结构宜在安装完毕、形成整体结构体系后再进行屋面板及吊挂构件等的安装。

7.1.9 结构在制作、运输与安装过程中应确保构件表面不受损伤。

7.2 材料及检验

7.2.1 铝合金构件、型材及零部件材料应有出厂合格证、质量保证书和试验报告。

7.2.2 铝合金构件、型材及零部件生产企业应对构件、型材及零部件进行化学成分和力学性能试验,试验方法、取样方法和数量应满足表 7.2.2 的规定。

表 7.2.2 化学成分性能和力学性能试验及质量检验

序号	试验项目	取样方法	试验方法	抽取样本数量
1	化学成分	GB/T 6987	GB/T 3190 GB/T 16475	每批次材料取不少于 3 个样本
2	力学性能	GB 6397	GB 228 GB 4340	每批次材料取不少于 3 个样本

注:每批次指同一牌号、同一等级、同一品种、同一规格、同一交货状态的材料。

7.2.3 铝合金构件、型材及零部件应进行表面质量检验,其表面应清洁,不允许有裂纹、起皮、腐蚀和气泡存在。

7.2.4 铝合金构件、型材及零部件的几何偏差检验应满足现行国家标准《铝合金建筑型材》GB 5237 的规定。

7.2.5 铝合金材料与其他不同材质的材料存放时,应采取有效措施进行隔离。

7.3 制 作

7.3.1 铝合金格构体系制作应符合下列规定:

1 铝合金格构体系的制作应符合现行上海市工程建设规范《空间格构结构设计规程》DG/TJ 08-52 和《空间格构结构工程质量检验及评定标准》DG/TJ 08-89 的规定。

2 铝合金构件应采用机械切割。

3 铝合金杆件不应焊接拼接,在工厂有可靠的工艺技术条件下焊接时,焊接件应进行热处理。

4 结构构件的焊接应满足现行国家标准《铝合金建筑型材》GB 5327、《铝及铝合金焊丝》GB/T 10858 和现行行业标准《铝及铝合金焊接技术规程》HG/T 20222 的规定。

7.3.2 螺栓球节点体系中,螺栓球的制作应符合下列规定:

1 螺栓球的制造应按机械加工用圆铝下料、螺纹孔及其车削平面定位、加工各螺纹孔及车削平面、标注加工工号和球编号、防腐处理的工艺过程进行。

　　2　螺纹孔及车削平面加工应按铣平面、钻螺纹底孔、倒角、丝锥攻螺纹(钻孔、攻螺纹使用合适的切削液)的工艺过程进行。

　　3　加工螺纹孔及车削平面的设备宜使用加工中心机床或专用工装,所用的专用工装转角误差不应大于 10′,如图 7.3.2-1 所示。

　　4　螺栓球的几何尺寸允许偏差及形位公差应符合图 7.3.2-2、7.3.2-3 和表 7.3.2 的要求。

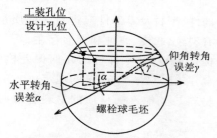

图 7.3.2-1　螺纹孔加工用专用工装转角示意

表 7.3.2　螺栓球几何尺寸允许偏差及形位公差

序号	项目	允许偏差或公差	抽取样本数量
1	螺纹牙型和基本尺寸 螺纹公差带 6H	GB/T 196 GB/T 197	5%
2	同一轴线上两铣平面平行度: 球直径 $D \leqslant 120\text{mm}$ $D > 120\text{mm}$	0.2mm 0.3mm	5%
3	球中心至铣平面距离 a	±0.2mm	5%
4	铣平面与螺纹孔轴线的垂直度	0.5%r	5%
5	螺栓孔角度: (1)设计图样中孔位置以球坐标系水平角、仰视角(俯视角)表达,如图 7.3.2-3 所示; (2)相邻螺栓孔轴线夹角 θ	±30′	每种球号取 5%

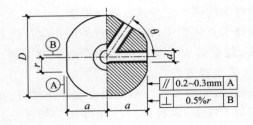

图 7.3.2-2 螺栓球几何尺寸允许偏差和形位公差

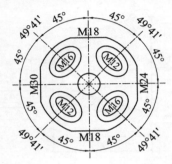

图 7.3.2-3 螺栓球的螺纹孔位置以及球坐标系表达

5 螺纹孔的螺纹应采用机用丝锥攻制。螺纹牙型和基本尺寸应符合现行国家标准《普通螺纹基本尺寸》GB/T 196 的规定。螺纹选用公差带应符合现行国家标准《普通螺纹公差》GB/T 197 规定的 6H。选用丝锥公差带代号应符合现行国家标准《丝锥螺纹公差》GB/T 968 中的 H4 级。

6 选成品球的最大螺纹与不锈钢螺栓连接应进行抗拉强度试验,不锈钢螺栓拧入深度为 $1.5d$(d 为螺纹孔的公称直径),试验在拉力试验机上进行,螺栓达到承载力、螺纹不损坏,即认为螺纹合格。试件抽取数量:每项工程中取受力最不利的同规格的螺栓球 600 个为一批,不足 600 个仍按一批计,每批取 3 个为一组进行随机抽验。

7 螺栓球印记应打在基准孔平面上,印记内容应包括球号、螺纹孔加工工号以及清晰的企业商标凹字。

8 螺栓球的防腐处理应符合设计要求。

7.3.3 螺栓球节点体系中,锥头、封板的制作应符合下列规定:

1 锥头、封板的加工应按成品铝合金型材下料、正火处理、机械加工的工艺过程进行。

2 锥头、封板的材质应与相配铝合金杆件材质一致。

3 机械加工锥头、封板的尺寸允许偏差和形位公差应符合图 7.3.3 和表 7.3.3 的规定。

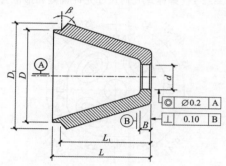

图 7.3.3-1 锥头尺寸允许偏差和形位公差

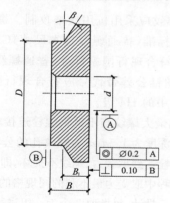

图 7.3.3-2 封板尺寸允许偏差和形位公差

表 7.3.3 锥头、封板的尺寸允许偏差和形位公差

序号	项目	允许偏差(mm)	抽取样本数量
1	孔径 d	+0.5 0.0	5%
2	底板厚	+0.5 −0.2	5%
3	底板两平面平行度	0.1	5%
4	锥头、封板孔 d 与铝合金管安装台阶 (外圆面 D)的同轴度	Φ0.2	5%

7.3.4 螺栓球节点体系中,受力杆件成品的尺寸允许偏差和位置公差应符合表 7.3.4 的规定。

表 7.3.4 螺栓球节点体系杆件成品尺寸允许偏差和位置公差

项次	项目	允许偏差(mm)	抽取样本数量
1	杆件成品长度,L	±1.0	5%
2	杆件轴线平直度	≤L/1000,且≯5	5%
3	锥头端面与圆管轴线的垂直度	0.005r	5%
4	锥头孔同轴度	Φ1.0	5%

7.3.5 矩形管、工字形等截面形式的铝合金构件及板式节点体系节点板加工的允许偏差应符合表 7.3.5 的规定。

检查数量:每种规格抽查 10%,且不少于 5 根/件。

检验方法:见表 7.3.5。

表 7.3.5 矩形管、工字形等截面形式的铝合金构件
及板式节点体系节点板加工的允许偏差

检查项目		允许偏差	检验方法
构件	下料长度	+3mm，−0mm	用钢尺检查
	定位长度	±0.5mm	用游标卡尺检查
	孔距误差	±0.2mm	用游标卡尺检查
	孔位误差	±0.2mm	用游标卡尺检查
节点板	直径	+1mm，−0.5mm	用游标卡尺检查
	孔距误差	±0.2mm	用游标卡尺检查
	孔位误差	±0.5mm	用游标卡尺检查
孔径误差		±0.1mm	用游标卡尺检查

注：孔距和孔位误差针对的是板式节点体系构件一端及其节点板上的紧固件开孔；定位长度是指杆件两端紧固件开孔之间的距离。

7.3.6 铝合金型材、板材、管材经下料、坡口后，若局部发生变形，应采用有效措施予以矫正。

7.3.7 嵌入式毂节点的加工制作应满足现行国家标准《铝合金结构设计规范》GB 50429 和现行行业标准《空间网格结构技术规程》JGJ 7 的规定。

7.4 安 装

7.4.1 结构安装应符合下列规定：

1 应根据施工组织技术设计选择合理可靠的安装方案，并应严格按照施工组织技术设计的要求安装。

2 结构的安装方法应按建筑物的平面形状、结构型式、安装机械、现场施工条件及技术条件等因素确定。

3 安装施工的方法和要求应符合现行上海市工程建设规范《空间格构结构设计规程》DG/TJ 08−52 的规定。

4 安装时不得随意改变施工方案和施工技术。

7.4.2 采用新工艺或新工具施工,应在施工前进行工艺试验,并应在试验结论的基础上制定各项操作工艺。

7.4.3 结构的安装工作应符合环境保护、劳动保护和安装技术方面现行国家有关法规和标准的规定。

7.4.4 结构安装、验收及土建施工放线使用的量具必须统一,且应按国家有关的计量法规的规定进行严格检验,并应符合本标准第7.1.3条的规定。

7.4.5 结构的施工测量,应测定支座节点的位置,并应考虑风力、日照等自然环境对测量精度的影响。

7.4.6 结构安装前,应按设计施工图的要求查验各节点、杆件和紧固件等产品的规格、数量、质量保证书、产品合格证和试验报告。

7.4.7 格构结构与主体结构连接的预埋件,应按设计要求埋设。在安装前,应复核和验收支座预埋件或预埋螺栓的平面位置与标高。且应符合下列规定:

1 铝合金螺栓球节点格构体系的支座预埋件或预埋螺栓的平面位置与标高应符合现行上海市工程建设规范《空间格构结构设计规程》DG/TJ 08—52 和《空间格构结构工程质量检验及评定标准》DG/TJ 08—89 的规定。

2 铝合金板式节点格构体系的预埋件平面位置与标高的偏差应符合表7.4.7中的规定。

表7.4.7 板式节点格构体系的预埋件埋设平面位置与标高的偏差

项次	项目	允许偏差	抽取样本数量
1	预埋件埋设平面位置	±5mm	5%
2	预埋件标高	±3mm	5%

7.4.8 结构构件安装应满足下列规定:

1 构件严禁现场焊接。

2 构件搬运、吊装时不得碰撞和损坏。

3 构件应按品种和规格堆放在专用架子或垫木上。在室外堆放时,应采取隔离保护措施,防止表面污染。

4 构件安装前,均应进行检验,构件不得有变形和刮痕,不合格的构件不得安装。

7.4.9 结构安装应满足下列规定:

1 必须及时、认真清除铝合金表面的污染物。

2 安装单元应形成空间稳定体系,否则应进行校正与固定(或临时固定)。

3 应及时校正减少误差和误差积累。

4 安装时的温度和风力应尽量与设计要求相符。

7.4.10 板式节点体系结构的安装尚应满足如下要求:

1 结构的安装顺序宜为支座定位及固定、节点定位、安装铝合金主体结构构件、节点板固定、安装屋面板。

2 构件和节点固定时应对称安装,减少安装应力。

3 结构在现场安装时严禁扩孔,应确保螺栓或铆钉自然安装到位。

4 屋面板的压条螺栓应按顺序、同方向、分数次拧紧。

5 屋面板安装宜在结构安装完毕后进行,屋面板铺设完毕后不宜随意拆除。

7.5 防腐和涂装

7.5.1 结构构件进行表面防腐处理时可采用阳极氧化、液体有机涂层、粉末涂层、油漆等方法。

7.5.2 构件表面防腐处理后严禁有腐蚀斑点、电灼伤、黑斑、氧化膜或涂层脱落等缺陷。

7.5.3 结构节点上的附件、紧固件材料除不锈钢外,其他材料应进行防腐处理。

7.5.4 铝合金构件阳极氧化性能检测应包括氧化膜外观、颜色、

最大厚度、反射率、耐磨性、耐蚀性等内容,且应符合下列规定:

    1 阳极氧化膜的检测方法应符合现行国家标准《铝及铝合金阳极氧化、阳极氧化膜的总规范》GB 8013 的规定。

    2 氧化膜厚度级别应按结构的使用环境和条件而定,氧化膜最小厚度级别见表 7.5.4,用于铝合金结构构件的氧化膜级别不应小于 AA15。

    3 对于大气污染条件恶劣的环境或需要耐磨时氧化膜级别应选用 AA20、AA25。

表 7.5.4   铝合金阳极氧化膜的最小厚度

级别	最小平均膜厚(μm)	最小局部膜厚(μm)
AA15	15	12
AA20	20	16
AA25	25	20

7.5.5 液体有机涂层和粉末涂层的选用应考虑涂膜外观、颜色、厚度、光泽、硬度、附着性、冲击性、耐磨性、耐酸碱性、耐清洁剂、耐盐雾、耐潮湿性、耐蚀性等因素的影响。

7.5.6 结构表面进行维护清洗时应满足下列规定:

    1 应采用在有效期限内和适用范围内的清洗剂。

    2 不得使用对铝合金保护膜有腐蚀作用的清洗剂。

    3 不宜用不同的清洗剂同时清洗同一个铝合金构件。

    4 不宜用滴、流等方式清洗铝合金构件。

    5 不宜在铝合金的节点等部位留有残余的清洗剂。

7.6 制作加工的质量检验

7.6.1 结构的制作加工过程的质量检验应包括材料的质量检验、加工工艺过程的质量检验、半成品和成品的质量检验、紧固件的材料和成品质量检验。"零部件材料质量验收表"可采用附录表 F-1。

7.6.2 结构的构件和零部件制作加工企业应提供质量检验文件或产品合格证。

7.6.3 螺栓球节点格构体系的制作加工过程质量检验的保证项目、基本项目和允许偏差项目应符合现行上海市工程建设规范《空间格构结构工程质量检验及评定标准》DG/TJ 08 — 89 的规定。

7.6.4 板式节点格构体系的制作加工过程质量检验的保证项目应包括型材、板材和管材的化学成分和机械性能、构件的下料尺寸和成品的几何尺寸、螺孔的加工精度和表面精度、节点板几何外形和加工精度。

7.6.5 板式节点格构体系的构件下料尺寸和成品几何尺寸应符合本标准第 7.3.5 条的规定。

7.6.6 板式节点格构体系的螺孔加工精度和表面精度应符合本标准第 7.3.5 条的规定。

7.6.7 板式节点格构体系的节点板几何外形和加工精度应符合本标准第 7.3.5 条的规定。

7.6.8 铝及铝合金工厂焊接质量检验应符合现行行业标准《铝及铝合金焊接技术规程》HG/T 20022 的规定。

7.6.9 嵌入式毂节点的质量检验应符合现行行业标准《单层网壳嵌入式毂节点》JG/T 136 的规定。

7.7 安装的质量检验

7.7.1 结构安装质量检验应符合下列规定：

1 安装质量检验应包括安装前、安装过程中和安装结束后的质量检验。

2 结构安装所使用的测量器具必须按国家有关计量法规的

规定,定期送检。

3 结构安装必须按照设计文件和施工图要求,编制施工组织设计,并应作为验收文件予以保存。

4 安装方案确定后,应对结构的吊点(支座)受力、挠度、杆件内力等进行验算。当利用支承柱或框架进行提升或顶升时,必须对支承柱或框架进行稳定性验算。验算结果必须整理成文并保存。

5 "格构结构安装技术条件检验表"可采用附录表 F-6。

7.7.2 铝合金格构结构安装前质量检验应符合下列规定:

1 结构安装前,应查验由制作单位提供的格构结构零部件如螺栓球、节点板、不锈钢或铝合金螺栓、锥头、套筒和杆件等产品质量合格证或质量保证书及加工质量检验。"零部件产品质量合格证及加工质量验收表"可采用附录表 F-2。

2 结构安装前,应对照设计及有关文件核对进入施工现场的各种节点、杆件和零部件的规格、品种和数量,并应予以记录,且应待验收合格后方可安装。"节点、构件和零部件的规格、品种和数量验收表"可采用附录表 F-3。

3 结构安装前,对建筑结构安全等级为一级的网格结构,设计有要求时,应查验格构结构产品出厂前抽样进行的节点强度和承载力破坏性试验报告。

4 结构安装前,安装单位应会同设计单位确定格构结构安装完成后、屋面施工完成后和在某荷载阶段的结构变形测点数量、位置及在相应荷载阶段的变形计算值。结构变形测点数量、位置的确定应能反映结构的性能和变形规律。

5 结构安装前,其支承结构必须经过验收,在验收合格后方可进行安装。

6 结构安装前,必须对结构的每个支座预埋件(预埋螺栓)及支座紧固件的平面位置、垂直标高等进行复验,并应记录。"支承面几何偏差检验表"可采用附录表 F-4,"支座预埋件和预埋螺栓检验表"可采用附录表 F-5。

7.7.3 结构安装时的质量检验应符合下列规定：

1 结构安装时，对每道工序均应进行检查验收。未经检查验收，不得进行下道工序施工。

2 所有构件应自然安装到位，安装好的构件应平整、牢固，不得有松动现象。

3 结构安装过程中应对节点的定位、节点的安装偏差、支座中心偏移进行检测和记录，并记录偏差情况。螺栓球节点体系应填写"格构结构小拼装单元安装偏差检验表"，可采用附录表 F-7；"格构结构分条或分块拼装偏差检验表"，可采用附录表 F-8。

4 对于大型复杂铝合金格构结构，宜进行预拼装。

7.7.4 结构安装后的现场质量检验应符合下列规定：

1 结构安装后应检验螺栓球、节点板、杆件、螺栓的外观质量和安装质量。"格构结构安装后外观质量检验表"可采用附录表 F-9。

2 安装后的结构外观应保证表面洁净，无划痕、碰伤、锈蚀。

3 安装螺栓或铆钉必须自由安放到位，并应紧固。对板式节点体系，应检查铆钉尾部是否全部脱落。

4 结构拼装或安装后应对格构结构尺寸、支座中心偏移、杆件平直度等进行检验。"格构结构拼装后的安装偏差检验表"可采用附录表 F-10。

5 结构拼装后，结构变形测点布置应能反映安装后的几何外形及结构变形规律。"格构结构结构变形（挠度）值检验表"可采用附录表 F-11。

6 结构安装后应提供基本项目、保证项目、允许偏差项目的表格且应符合下列规定：

1）最终应递交的保证项目的格构结构安装检验、试验表和报告有：附录表 F-1、表 F-2、表 F-3、表 F-4、表 F-5、表 F-6、表 F-9。

2）最终应递交的基本项目格构结构安装检验和试验表有：
　　附录表 F-11。

3）最终应递交的允许偏差项目的格构结构安装检验和试
　　验表有：附录表 F-7、表 F-8、表 F-10 和表 F-10。

附录 A 铝合金材料的化学成分

表 A 铝合金材料的化学成分表

化学成分（%）

牌号	Mg	Si	Mn	Zn	Cu	Fe	Cr	Ni	Ti	其他 单	其他 合	Al
3003	—	0.60	1.00~1.50	0.10	0.05~0.20	0.70	—	—	—	0.05	0.15	余量
3004	0.80~1.30	0.30	1.00~1.50	0.25	0.25	0.70	—	—	—	0.05	0.15	余量
5083	4.00~4.90	0.40	0.40~1.00	0.25	0.10	0.40	0.05~0.25	—	0.15	0.05	0.15	余量
6061	0.80~1.20	0.40~0.80	0.15	0.25	0.15~0.4	0.70	0.04~0.35	—	0.15	0.05	0.15	余量
6063	0.45~0.90	0.20~0.60	0.10	0.10	0.10	0.35	0.10	—	0.10	0.05	0.15	余量
6082	0.60~1.20	0.70~1.30	0.40~1.00	0.20	0.10	0.50	0.25	—	0.10	0.05	0.15	余量
6H13	0.80~1.20	0.65~0.80	0.15	0.05	0.55~0.75	0.20	0.02	—	0.10	0.05	0.10	余量
6N01	0.40~0.80	0.40~0.90	0.50	0.25	0.35	0.35	0.30	—	—	0.05	0.10	余量
7020	1.00~1.40	0.35	0.05~0.50	4.00~5.00	0.20	0.40	0.10~0.35	—	—	0.05	0.15	余量
7075	2.10~2.90	0.40	0.30	5.10~6.10	1.20~2.00	0.50	0.18~0.28	—	0.20	0.05	0.15	余量

附录 B 铝合金材料的力学性能

表 B-1 铝合金材料的机械力学性能表

牌号	状态	试样部位厚度 （mm）	f_b （MPa）	$f_{0.2}$ （MPa）	δ_5 （%）	备注
6061	T4	所有	180	110	16	
	T6		265	240	8	
6063	T5	所有	160	110	8	
	T6		205	180	8	
6082	T4	所有	205	110	12～15	
	T6	所有	310	260	10	
6H13	T6	所有	370	340	8	
6N01	T6	所有	275	225	18	
7075	T6	所有	530～545	460～475	6～8	
7020	T6	所有	350	290	7～10	
5083	O/F	0.5～4.5	275～350	≥125	≥16	
	H112	4.5～40.0	≥275	≥125	≥11～12	
		40.0～50.0	≥275	≥115	≥10	
3003	H24	0.2～4.5	135～175	≥115	≥1～5	
3004	H34	0.2～4.5	220～265	≥170	≥1～4	
	H36	0.2～4.5	240～285	≥190	≥1～4	

注:本表不包括热挤压状态的型材。

表 B-2 不锈钢螺栓、螺钉、螺柱和螺母的机械性能及材料

类别	材料 组别	螺纹直径 mm	性能标记 45	50	60	70	80	性能等级	抗拉强度 f_{bmin} (MPa)	屈服强度 $f_{0.2min}$ (MPa)	保证应力 S_p (MPa)
A 奥氏体	A1	≤39	—	A1-50	—	A1-70	A1-80	A1　50	500	210	500
	A2	≤20	—	A2-50	—	A2-70	A2-80	A2　70	700	450	700
	A3	≤20	—	A4-50	—	A4-70	A4-80	A3　80	800	600	800
C 马氏体	C1		—	C1-50	—	C1-70	—	50	500	250	500
								70	700	410	700
	C3		—	—	—	—	C3-80	80	800	640	800
	C4		—	C4-50	—	C4-70	—	50	500	250	500
								70	700	410	700
F 铁素体	F1		F1-45	—	F1-60	—	—	45	450	250	450
								60	600	410	600

注:1. 本标准用于由奥氏体、马氏体和铁素体耐腐蚀不锈钢制造的、任何形状的、螺纹直径为 1.6～39mm 的螺栓、螺钉、螺柱和螺母。

2. F1 仅适用于螺纹直径≤24mm 的紧固件。

3. 螺纹直径>20mm,性能等级为 70 和 80 的紧固件,其抗拉强度及屈服强度由供需双方协商。

附录 C 常用环槽铆钉规格和承载力计算方法

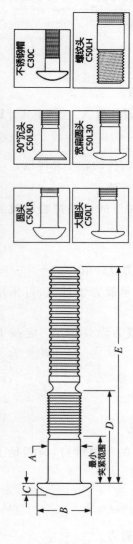

铆钉直径 d	A	圆头 C50LR		大圆头 C50LT		宽扁圆头 C50L30		90°沉头 C50L90		不锈钢帽 C30C		螺纹头 C50LH	
		B	C	B	C	B	C	B	C	B	C	B	C
8	8.05~8.18	15.1	4.6	17.8	3.2	—	—	13.9	3.2	—	—	—	—
10	9.65~9.78	18.1	5.6	21.0	3.8	—	—	16.6	3.8	—	—	—	—
12.7	13.08~12.45	23.01	8.03	23.01	6.1	27.69	6.76	23.01	6.35	—	—	—	—
15.9	16.31~15.67	28.98	10.08	28.98	7.54	33.78	8	28.96	7.95	36.58	9.91	—	—
19.1	19.51~18.82	35.13	12.57	35.13	9.14	—	—	34.8	9.53	—	—	—	—
22.2	22.73~22.00	40.89	13.97	40.89	10.67	—	—	40.49	10.92	—	—	—	—
25.4	26.04~25.15	46.99	15.7	—	—	—	—	—	—	—	—	—	—
28.6	29.18~27.89	52.4	17.48	—	—	—	—	—	—	—	—	—	—

注：表中单位均为 mm。

— 61 —

环槽铆钉的设计可采用如下计算方法：

1 单个环槽铆钉的钉杆抗剪承载力设计值 N_v^b 应按下式计算：

$$N_v^b = n_v \frac{\pi d^2}{4} f_v^b \tag{C-1}$$

式中：n_v——受剪面数目；

d——环槽铆钉杆直径；

f_v^b——环槽铆钉的抗剪强度设计值。

2 单个环槽铆钉的孔壁承压承载力设计值 N_c^b 应按下式计算：

$$N_c^b = d f_c^b \sum t \tag{C-2}$$

式中：$\sum t$——在同一受力方向的承压构件的较小总厚度；

f_c^b——构件的孔壁承压强度设计值。

3 沿铆钉杆轴受拉时，单个环槽铆钉的套环拉脱承载力设计值应满足下式要求：

$$N_t < N_t^a \tag{C-3}$$

式中：N_t——每个环槽铆钉所承受的拉力设计值；

N_t^a——每个环槽铆钉的套环拉脱承载力设计值，可采用环槽铆钉厂家提供的值。

4 环槽铆钉钉杆拉断的抗拉承载力设计值 N_t^b 应按下式计算：

$$N_t^b = \frac{\pi d_e^2}{4} f_t^b \tag{C-4}$$

式中：d_e——环槽铆钉的有效直径；

f_t^b——环槽铆钉的抗拉强度设计值。

5 同时承受剪力和杆轴方向拉力的环槽铆钉，应满足下式要求：

$$\sqrt{\left(\frac{N_v}{N_v^b}\right)^2 + \left(\frac{N_t}{N_t^b}\right)^2} \leqslant 1 \tag{C-5}$$

式中：N_v——每个环槽铆钉所承受的剪力。

附录 D 铝合金材料的弹塑性本构关系

铝合金的弹塑性本构关系(图 D-1)可按下式确定：

$$\varepsilon = \frac{\sigma}{E} + 0.002 \times \left(\frac{\sigma}{f_{0.2}}\right)^n \tag{D-1}$$

式中：E——铝合金材料的弹性模量；

σ——应力；

ε——应变；

n——硬化系数，可按下式确定：

$$n = 0.1 f_{0.2} \tag{D-2}$$

$f_{0.2}$——铝合金的名义屈服强度标准值，单位为 MPa，可按本标准附录 B 确定。

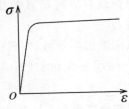

图 D-1 铝合金材料的应力-应变关系示意

附录 E 铝合金格构结构实用计算方法

E.0.1 对于凯威特型铝合金板式节点单层球面网壳在满跨荷载和半跨荷载的作用下,其弹塑性稳定承载力可根据下式进行估算:

$$P_{cr}^{nl} = C_L C_r C_P C_{IM} \sqrt{BD}/R^2 \qquad (E.0.1-1)$$

式中: P_{cr}^{nl}——网壳的稳定极限承载力标准值(kN/m²);

C_L——荷载影响系数,按式(E.0.1-2)计算;

$$C_L = \begin{cases} 0.999\gamma_L^2 - 2.246\gamma_L + 2.545 & \text{铰接支承} \\ 0.916\gamma_L^2 - 2.192\gamma_L + 2.548 & \text{刚接支承} \end{cases}$$

$$(E.0.1-2)$$

γ_L——半跨荷载与满跨荷载的比值,当不考虑半跨荷载时,$\gamma_L = 0$;

C_r——节点刚度影响系数,按式(E.0.1-3)计算;

$$C_r = -0.0061[\ln(\alpha)]^3 - 0.0067[\ln(\alpha)]^2 + a\ln(\alpha) + b$$

$$(E.0.1-3)$$

α——节点的刚度系数,$\alpha = K_f/D$;

K_f——铝合金板式节点嵌固阶段的平面外弯曲刚度;

a——参数,按式(E.0.1-4)计算;

$$a = a_1\gamma_L^3 + a_2\gamma_L^2 + a_3\gamma_L + 1.29 \times 10^5 \frac{\sqrt{BD}}{R^2 E} + 0.2018 \quad (E.0.1-4)$$

b——参数,按式(E.0.1-5)计算;

$$b = b_1\gamma_L^3 + b_2\gamma_L^2 + b_3\gamma_L + 6.32 \times 10^5 \frac{\sqrt{BD}}{R^2 E} + 0.6333 \quad (E.0.1-5)$$

a_1, a_2, a_3——系数,应按表 E.0.1-1 确定;

表 E.0.1-1 系数 $a_1 \sim a_3$ 和 $b_1 \sim b_3$ 的取值

支承	矢跨比	a_1	a_2	a_3	b_1	b_2	b_3
铰接	1/7	−0.0408	0.0486	−0.0148	−0.1764	0.2003	−0.0430
	1/6	0.0104	−0.0310	0.0115	−0.0259	−0.0478	0.0348
	1/5	−0.0433	0.0745	−0.0471	−0.1732	0.2795	−0.1930
	1/4	−0.1072	0.194	−0.1134	−0.4773	0.8380	−0.4916
刚接	1/7	−0.0459	0.0572	−0.0180	−0.1855	0.2215	−0.0552
	1/6	0.0267	−0.0412	0.0096	−0.0545	0.0025	0.0098
	1/5	−0.0531	0.0914	−0.0539	−0.1587	0.2954	−0.2107
	1/4	−0.1159	0.2153	−0.1212	−0.4916	0.8955	−0.5221

b_1, b_2, b_3 ——系数,应按表 E.0.1-1 确定;

E ——材料的弹性模量;

R ——球面网壳的曲率半径;

C_P ——铝合金材料非线性影响系数,按式(E.0.1-6)计算;

$$C_P = c\alpha^d \quad (\text{当 } C_P > 1 \text{ 时,取 } C_P = 1) \quad (E.0.1\text{-}6)$$

c ——参数,按式(E.0.1-7)计算;

$$c = c_1 \gamma_L^3 + c_2 \gamma_L^2 + c_3 \gamma_L + c_4 - 4.96 \times 10^5 \frac{\sqrt{BD}}{R^2 E} \quad (E.0.1\text{-}7)$$

c_1, c_2, c_3, c_4 ——系数,应按表 E.0.1-2 确定;

表 E.0.1-2 系数 $c_1 \sim c_4$ 的取值

f/S	c_1	c_2	c_3	c_4
1/7	0.0684	−0.0997	0.024	1.0323
1/6	0.1185	−0.1781	0.0491	1.0331
1/5	0.1463	−0.3014	0.1623	1.0045
1/4	0.4713	−0.8163	0.3924	0.9769

f ——网壳的矢高;

S ——网壳的跨度;

d——参数,按式(E. 0. 1-8)计算;

$$d=1.36\times10^4\frac{BD}{R^4E^2}-6.39\times10^5\frac{\sqrt{BD}}{R^2E}-0.0182 \quad (E. 0. 1-8)$$

C_{IM}——结构初始几何缺陷影响系数,按式(E. 0. 1-9)计算,当 C_{IM} 大于 0. 296 时,取 $C_{IM}=0.296$;

$$C_{IM}=2.557\times10^{-8}\left(\frac{f}{S}\right)^{-7.445}+0.2839 \quad (E. 0. 1-9)$$

B——网壳等效薄膜刚度,应按现行行业标准《空间网格结构技术规程》JGJ 7 附录 C 计算,可取径向刚度和环向刚度的平均值;

D——网壳等效抗弯刚度,应按现行行业标准《空间网格结构技术规程》JGJ 7 附录 C 计算,可取径向刚度和环向刚度的平均值。

E. 0. 2 铝合金板式节点球面网壳的第一阶自振频率可按下式估算:

$$f_1=\eta k S^a M^b \lambda^c \beta^d \sqrt{E/70000} \quad (E. 0. 2-1)$$

式中: f_1——铝合金球面网壳的第一阶自振频率;

η——考虑铝合金板式节点刚度的放大系数;

$$\eta=1.011+0.652/(l/R)+5.610/(l/R)^2 \quad (E. 0. 2-2)$$

R——结构主肋杆件的节点板半径;

S——结构跨度(m);

M——屋面等效均布质量(包括屋面荷载与结构自重)(kg/m²);

λ——网格密度无量纲化参数,$\lambda=l/i_x$;

l——结构主肋上杆件长度;

i_x——结构主肋杆件截面绕强轴的回转半径;

β——跨厚比无量纲化参数,$\beta=s/i_x$;

s——网壳球面上过顶点和跨度方向两支座节点的圆弧长度;

E——杆件的弹性模量（MPa）；

a,b,c,d,k——参数，对于 K6 和 K8 型网壳，可分别按表 E. 0. 2-1和表 E. 0. 2-2 计算。

表 E. 0. 2-1　K6 型网壳基频待定系数表

矢跨比	1/2	1/3	1/4	1/5	1/6	1/7	1/10	1/13	1/16
k	25496. 93	29715. 60	29891. 54	29565. 97	28422. 64	27112. 95	23413. 69	20866. 39	19497. 64
a	−0. 739	−0. 740	−0. 740	−0. 738	−0. 738	−0. 738	−0. 737	−0. 736	−0. 736
b	−0. 515	−0. 512	−0. 511	−0. 512	−0. 513	−0. 513	−0. 513	−0. 512	−0. 512
c	−0. 500	−0. 502	−0. 502	−0. 500	−0. 500	−0. 500	−0. 503	−0. 504	−0. 506
d	−0. 291	−0. 287	−0. 292	−0. 306	−0. 318	−0. 327	−0. 348	−0. 365	−0. 381

表 E. 0. 2-2　K8 型网壳基频待定系数表

矢跨比	1/2	1/3	1/4	1/5	1/6	1/7	1/10	1/13	1/16
k	26399. 41	31075. 59	31211. 38	29975. 97	28520. 73	27109. 55	23495. 65	21362. 66	20625. 78
a	−0. 739	−0. 739	−0. 738	−0. 738	−0. 738	−0. 737	−0. 736	−0. 736	−0. 739
b	−0. 517	−0. 514	−0. 514	−0. 514	−0. 514	−0. 514	−0. 514	−0. 513	−0. 513
c	−0. 505	−0. 501	−0. 501	−0. 502	−0. 501	−0. 502	−0. 504	−0. 506	−0. 508
d	−0. 296	−0. 296	−0. 300	−0. 308	−0. 317	−0. 326	−0. 347	−0. 365	−0. 384

E. 0. 3 铝合金板式节点的非线性刚度可按以下模型进行计算：

1 网壳面外弯曲刚度（图 E. 0. 3-1）

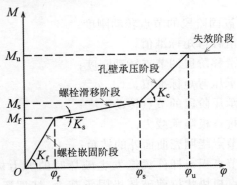

图 E. 0. 3-1　铝合金板式节点弯曲刚度四折线模型

$$K_f = \left(\frac{1.32}{Et_p h^2} + \frac{2850 t_f}{E\mu nh^2 A_c} + \frac{R - R_c}{1.14 EI_x} \right)^{-1} \quad \text{(E.0.3-1)}$$

$$M_f = \frac{\mu nPh}{1 + 0.5\beta} \quad \text{(E.0.3-2)}$$

$$K_s = \left[\frac{1.32}{Et_p h^2} + \frac{(4 - \beta^2) d_h}{\mu n\beta Ph^2} + \frac{R - R_c}{1.14 EI_x} \right]^{-1} \quad \text{(E.0.3-3)}$$

$$M_s = \frac{\mu nPh}{1 - 0.5\beta} \quad \text{(E.0.3-4)}$$

$$K_c = \left[\frac{1.32}{Et_p h^2} + \frac{19(t_f + t_p)}{\left(\dfrac{d}{t_f + t_p} + 1.22 \right) nh^2 t_f t_p E} + \frac{R - R_c}{1.14 EI_x} \right]^{-1}$$

$$\text{(E.0.3-5)}$$

$$M_u = \frac{Q_u h}{1 + 0.5\beta} \quad \text{(E.0.3-6)}$$

$$\varphi = \begin{cases} \dfrac{M}{K_f} & (0 < M \leqslant M_f) \\[2mm] \dfrac{M_f}{K_f} + \dfrac{M - M_f}{K_s} \quad \text{or} \quad \dfrac{M_f}{K_f} + \dfrac{4d_h}{h} & (M_f < M \leqslant M_s) \\[2mm] \dfrac{M_f}{K_f} + \dfrac{M_s - M_f}{K_s} + \dfrac{M - M_s}{K_c} & (M_s < M \leqslant M_u) \end{cases}$$

$$\text{(E.0.3-7)}$$

式中：K_f——嵌固阶段的节点转动刚度；

M_f——滑移弯矩标准值；

K_s——滑移阶段的节点转动刚度；

M_s——承压弯矩标准值；

K_c——承压阶段的节点转动刚度；

M_u——抗弯极限承载力；

φ——节点绕网壳曲面外的转角；

Q_u——节点板或杆件翼缘发生破坏时的剪力标准值，取节点板块状拉剪破坏极限承载力、杆件翼缘净截面拉断、螺杆剪断或孔壁承压破坏承载力中的最小值；

E——铝合金弹性模量；

t_p——节点板厚度；

h——杆件截面高度；

t_f——杆件翼缘厚度；

μ——板件间摩擦系数，铝合金之间可取 0.2；

n——连接区螺栓数量；

A_c——杆件与节点板的接触面积；

R——节点板半径；

R_c——节点板中心距杆件端部距离；

I_x——杆件绕强轴的截面惯性矩；

P——螺栓预紧力；

β——轴力和杆件截面高度的乘积与弯矩之比，即 $\beta = N \cdot h / M$；

d_h——螺栓与螺栓孔的间隙，

$$d_\mathrm{h} = (d_0 - d)/2; \qquad (\mathrm{E.0.3\text{-}8})$$

d——螺栓有效直径。

2 网壳面内弯曲刚度（图 E.0.3-1）

$$K_\mathrm{f} = \left[\frac{6.02}{Et_\mathrm{p}d_\mathrm{b}^2} + \frac{2850t_\mathrm{f}}{En\mu d_\mathrm{b}^2 A_\mathrm{c}} + \frac{(R-R_\mathrm{c})}{0.3EI_\mathrm{y}} \right]^{-1} \qquad (\mathrm{E.0.3\text{-}9})$$

$$M_\mathrm{f} = \mu n P d_\mathrm{b} \qquad (\mathrm{E.0.3\text{-}10})$$

$$K_\mathrm{s} = 0 \qquad (\mathrm{E.0.3\text{-}11})$$

$$M_\mathrm{s} = \mu n P d_\mathrm{b} \qquad (\mathrm{E.0.3\text{-}12})$$

$$K_\mathrm{c} = \left[\frac{6.02}{R_\mathrm{c}Et_\mathrm{p}d_\mathrm{b}^2} + \frac{19(t_\mathrm{f}+t_\mathrm{p})}{\left(\dfrac{d}{t_\mathrm{f}+t_\mathrm{p}} + 1.22 \right)nt_\mathrm{f}t_\mathrm{p}d_\mathrm{b}^2 E} + \frac{(R-R_\mathrm{c})}{0.3EI_\mathrm{y}} \right]^{-1}$$

$$(\mathrm{E.0.3\text{-}13})$$

$$M_\mathrm{u} = Q_\mathrm{u} d_\mathrm{b} \qquad (\mathrm{E.0.3\text{-}14})$$

$$\varphi = \begin{cases} \dfrac{M}{K_{\mathrm{f}}} & (0 < M \leqslant M_{\mathrm{f}}) \\[2mm] \dfrac{M_{\mathrm{f}}}{K_{\mathrm{f}}} + \dfrac{4d_{\mathrm{h}}}{d_{\mathrm{b}}} & (M_{\mathrm{f}} < M \leqslant M_{\mathrm{s}}) \\[2mm] \dfrac{M_{\mathrm{f}}}{K_{\mathrm{f}}} + \dfrac{M_{\mathrm{s}} - M_{\mathrm{f}}}{K_{\mathrm{s}}} + \dfrac{M - M_{\mathrm{s}}}{K_{\mathrm{c}}} & (m_{\mathrm{s}} < M \leqslant M_{\mathrm{u}}) \end{cases} \quad \text{(E.0.3-15)}$$

式中：d_{b}——杆件腹板两侧最内排螺栓间距；

I_{y}——杆件的绕弱轴的截面惯性矩；

Q_{u}——杆件翼缘发生破坏时的剪力标准值，取翼缘净截面拉剪破坏、螺杆剪断或孔壁承压破坏承载力中的最小值。

3 轴向刚度(图 E.0.3-2)

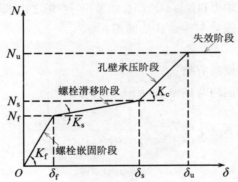

图 E.0.3-2 铝合金板式节点平面外弯曲刚度四折线模型

$$K_{\mathrm{f}} = \left(\frac{1}{1.52Et_{\mathrm{p}}} + \frac{1425t_{\mathrm{f}}}{E\mu nA_{\mathrm{c}}} + \frac{R - R_{\mathrm{c}}}{2EA_{\mathrm{b}}} \right)^{-1} \quad \text{(E.0.3-16)}$$

$$N_{\mathrm{f}} = 2\mu nP \quad \text{(E.0.3-17)}$$

$$K_{\mathrm{s}} = 0 \quad \text{(E.0.3-18)}$$

$$N_{\mathrm{s}} = 2\mu nP \quad \text{(E.0.3-19)}$$

$$K_c = \left[\frac{1}{1.52Et_p} + \frac{9.5(t_f+t_p)}{\left(\dfrac{d}{t_f t_p} + 1.22\right) n t_f t_p E} + \frac{R-R_c}{2EA_b} \right]^{-1}$$

$$\text{(E.0.3-20)}$$

$$N_u = 2Q_u \qquad \text{(E.0.3-21)}$$

$$\delta = \begin{cases} \dfrac{N}{K_f} & (0 < N \leqslant N_f) \\[3mm] \dfrac{N_f}{K_f} + 2d_n & (N_f < N \leqslant N_s) \\[3mm] \dfrac{N_f}{K_f} + \dfrac{N_s - N_f}{K_s} + \dfrac{N - N_s}{K_c} & (N_s < N \leqslant N_u) \end{cases}$$

$$\text{(E.0.3-22)}$$

E.0.4 $T℃$下铝合金板式节点在网壳面外的弯曲刚度（图 E.0.4）参数可按下式计算：

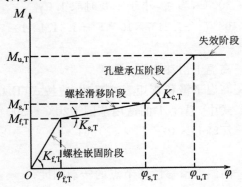

图 E.0.4　铝合金板式节点平面外弯曲刚度四折线模型

$$K_{f,T} = \xi_{f,T} \left(\frac{1.32}{E_T t_p h^2} + \frac{2850 t_f}{E_T \mu n h^2 A_c} + \frac{R-R_c}{1.14 E_T I_x} \right)^{-1} \quad \text{(E.0.4-1)}$$

$$M_{f,T} = \gamma_{f,T} \frac{\mu n P h}{1 + 0.5\beta} \qquad \text{(E.0.4-2)}$$

$$K_{s,T} = \xi_{f,T}\left[\frac{1.32}{E_T t_p h^2} + \frac{(4-\beta^2)d_h}{\mu n\beta P h^2} + \frac{R-R_c}{1.14 E_T I_x}\right]^{-1} \quad \text{(E.0.4-3)}$$

$$M_{s,T} = \gamma_{f,T}\frac{\mu n P h}{1-0.5\beta} \quad \text{(E.0.4-4)}$$

$$K_{c,T} = \xi_{c,T}\left[\frac{1.32}{E_T t_p h^2} + \frac{19(t_f+t_p)}{\left(\dfrac{d}{t_f+t_p}+1.22\right)n h^2 t_f t_p E_T} + \frac{R-R_c}{1.14 E_T I_x}\right]^{-1}$$

$$\text{(E.0.4-5)}$$

$$M_{u,T} = \frac{Q_{u,T} h}{1+0.5\beta} \quad \text{(E.0.4-6)}$$

式中：$K_{f,T}$——高温下嵌固阶段节点的转动刚度；

$\quad\xi_{f,T}$——高温下嵌固阶段节点的转动刚度影响系数，应按式
（E.0.4-7）计算，式中，温度 T 的适用范围为20℃～
300℃，当 $\xi_{f,T}$ 小于 1.0 时取 1.0；

$$\xi_{f,T} = 6.4616\times10^{-9}T^3 + 7.2437\times10^{-6}T^2 - 1.4474\times10^{-3}T + 1.0261$$

$$\text{(E.0.4-7)}$$

$\quad M_{f,T}$——高温下滑移弯矩；

$\quad\gamma_{f,T}$——高温下滑移弯矩影响系数，应按式（E.0.4-8）计算，
式中，温度 T 的适用范围为20℃～300℃；

$$\gamma_{f,T} = -7.5568\times10^{-6}T^2 + 5.1861\times10^{-4}T + 0.9927$$

$$\text{(E.0.4-8)}$$

$\quad K_{s,T}$——高温下滑移阶段节点的转动刚度；

$\quad M_{s,T}$——高温下承压弯矩；

$\quad K_{c,T}$——高温下承压阶段节点的转动刚度；

$\quad\xi_{c,T}$——高温下承压阶段节点的转动刚度影响系数，应按式
（E.0.4-9）计算，式中，温度 T 的适用范围为20℃～
300℃；

$$\xi_{c,T} = -6.3152\times10^{-8}T^3 + 1.6836\times10^{-5}T^2 - 1.8256\times10^{-3}T + 1.0303$$

$$\text{(E.0.4-9)}$$

$M_{u,T}$——高温下抗弯极限承载力；

$Q_{u,T}$——高温下节点板或杆件翼缘发生破坏时剪力标准值，可取节点板块状拉剪破坏、杆件翼缘净截面拉断或孔壁承压破坏承载力中的最小值。

附录 F 质量检验表

表 F-1 零部件材料质量验收表

工程名称		检验批部位		
施工单位		项目经理		
监理单位		总监理工程师		
施工依据标准	《铝合金结构工程施工质量验收规范》GB 50576	分包单位负责人		
主控项目	合格质量标准	施工单位检验评定记录或结果	监理(建设)单位验收记录或结果	备注
1 材料进场	第 4.2.1 条			
2 铝合金材料复验	第 4.2.2 条			
3 切面质量	第 7.2.1 条			
4 边缘加工	第 7.3.1 条			
5 球、毂加工	第 7.4.1 和 7.4.2 条			
6 制孔	第 7.5.1 条			
7 槽口加工	第 7.6.1 条			
8 豁口加工	第 7.6.2 条			
9 榫头加工	第 7.6.3 条			
一般项目	合格质量标准	施工单位检验评定记录或结果	监理(建设)单位验收记录或结果	备注
1 材料规格尺寸	第 4.2.3 和 4.2.4 条			
2 铝合金材料表面质量	第 4.2.5 条			
3 切割精度	第 7.2.2 条			

续表 F-1

一般项目	合格质量标准	施工单位检验评定记录或结果	监理(建设)单位验收记录或结果	备注
4 边缘加工精度	第 7.3.2 条			
5 螺栓球加工精度	第 7.4.3 条			
6 管杆件加工精度	第 7.4.4 条			
7 毂加工精度	第 7.4.5 条			
8 制孔精度	第 7.5.2～7.5.6 条			
施工单位检验评定结果	班组长: 或专业工长: 年 月 日		质检员: 或项目技术负责人: 年 月 日	
监理(建设)单位验收结论	监理工程师 (建设单位项目 技术人员): 年 月 日			

表 F-2　零部件产品质量合格证及加工质量验收表

生产企业			工程名称			检验号
序号		检验项目	检验内容	检验结果		检查方法
螺栓球节点体系	1	连接板	产品质量合格证,质量保证书及试验报告			查对证书
	2	杆件				
	3	铝合金螺栓				
	4	不锈钢螺栓				
	5	支托				
	6	支座				
	7	螺栓球				
	8	锥头或封板				
	9	套筒				
	10	组合杆件				
板节点体系	1	节点板				
	2	杆件				
	3	螺栓				
	4	铆钉				
	5	支座				
取样方法				抽样数量		
检验日期	年　月　日		检验部门	质量主管		检验员

表 F-3　节点、构件和零部件的规格、品种和数量验收表

生产企业		工程名称						检验号	
序号		检验项目	检验内容			检验内容			检验结果	检查方法
			品种	规格	数量	品种	规格	数量		
螺栓球节点体系	1	杆件								
	2	铝合金螺栓 不锈钢螺栓								
	3	螺栓球								
	4	支托								
	5	支座								
板节点体系	1	节点板								
	2	杆件								
	3	螺栓 铆钉								
	4	支座								
取样方法					抽样数量					
检验日期	年　月　日		检验部门			质量主管		检验员		

表 F-4 支承面几何偏差检验表

单位(子单位)工程名称				分部(子分部)工程名称		分项工程名称	
施工单位				项目负责人		检验批容量	
分包单位				分包单位项目负责人		检验批部位	
施工依据				《铝合金结构工程施工质量验收规范》GB 50576	验收依据	《铝合金结构工程施工质量验收规范》GB50576	

		验收项目		设计要求及规范规定	最小/实际抽样数量	检查记录	检查结果
主控项目	1	铝合金空间网格结构支座定位轴线位置、支柱锚栓的规格		第11.2.1条	/		
	2	支承面顶板	位置	15.0	/		
			顶面标高	0,−3.0	/		
			顶面水平度	$L/1000$($L=$ mm)	/		
		支座锚栓中心偏移		5.0	/		
	3	支承垫块的种类、规格、摆放位置和朝向		第11.2.3条	/		
		橡胶垫块与刚性垫块之间或不同类型刚性垫块之间不得互换使用		第11.2.3条	/		
	4	铝合金空间网格结构支座锚栓的紧固		第11.2.4条	/		
一般项目	1	支座锚栓	露出长度(mm)	+30.0,0.0	/		
			螺纹长度(mm)	+30.0,0.0	/		
	2	支座锚栓的螺纹		应受到保护	/		
施工单位检查结果					专业工长: 项目专业质量检查员: 年　月　日		
监理单位验收结论					专业监理工程师: 年　月　日		

表 F-5 支座预埋件和预埋螺栓检验表

安装企业			工程名称		检验号	
序号	检验项目	检验内容	允许偏差 （mm）	检验值	检查方法	
螺栓球节点体系	1 预埋件	中心线位置	3.0			
		预埋件面标高	±5.0			
		最高与最低高差	≤10.0			
		平整度	≤2.0			
	2 预埋螺栓	中心线位置	2.0			
		外露长度	+10.0 −0.0			
板节点体系	1 预埋件	中心线位置	±5.0			
	2	预埋件面标高	±3.0			
取样方法				抽样数量	全数检查	
检验日期	年 月 日	检验部门		质量主管	检验员	

表 F-6 格构结构安装技术条件检验表

安装企业		工程名称			检验号	
序号	检验项目	检验内容		检验结果	检查方法	
1	钢尺	有效期、计量检验部门、精度				
2	经纬仪					
3	水准仪					
4	其他测量器具					
5	技术文件	施工组织设计				
		施工技术设计（施工验算）				
取样方法			抽样数量			
检验日期	年 月 日	检验部门		质量主管		检验员

表 F-7　螺栓球节点体系格构结构小拼装单元安装偏差检验表

安装企业			工程名称			检验号	
序号	检验项目	检验内容	设计值	允许偏差		检验值	检查方法
1	杆件	轴线平直度		$L/1000$			
2	锥体单元尺寸精度	弦杆长度		±2.0mm			
3		高度					
4		上弦平面对角线差		3.0mm			
5		下弦平面节点中心偏移		2.0mm			
6		节点中心位置偏差		2.0mm			

序号	检验项目	检验内容	设计值	允许偏差	检验值	检查方法
7	拼装单元为整榀面桁架	跨度 L ($L \leqslant 24$m)		$+3.0$mm -7.0mm		
8		跨中高度		± 10.0mm		
9		起拱尺寸		$\pm L/5\,000$ （设计要求） $+10.0,-5.0$ （设计不要求）		
10	拼装后的单元组合体	节点与杆件（钢管）中心偏差		1.0mm		
取样方法			抽样数量	按节点（杆件）数量抽查 5%，但不少于 5 个		
检验日期	年 月 日	检验部门		质量主管	检验员	

表 F-8　螺栓球节点体系格构结构分条或分块拼装偏差检验表

安装企业			工程名称			检验号	
序号	检验项目	跨数	设计值	允许偏差（mm）	检验值	检查方法	
1	拼装单元长度	单跨，且跨度 $L \leqslant 20m$		±10.0			
		多跨连续且跨度 $L \leqslant 20m$		±5.0			
取样方法			抽样数量		按条或块全数检查		
检验日期	年　月　日	检验部门		质量主管		检验员	

表 F-9 格构结构安装后外观质量检验表

安装企业			工程名称		检验号	
序号		检验项目	检验标准		检验值	检查方法
螺栓球节点体系	1	螺栓球	表面局部凹凸不大于 1.0mm，划痕深度不大于 0.1mm，表面无油污			
	2	杆件				
	3	螺栓拧入深度	套筒上的紧定螺钉已旋入高强度螺栓的深槽中即 1.5d			
	4	支座底板	支座底板与预埋件表面贴合			
	5	支托铝合金管与螺栓球接触	均匀			
	6	杆件的端面与套筒端面，套筒端面与螺栓球削平面贴合	均匀			

序号		检验项目	检验标准	检验值	检查方法
板节点体系	1	节点板	表面局部凹凸不大于 1.0mm,划痕深度不大于 0.3mm,表面无油污		
	2	杆件			
	3	螺栓锁扣情况	环槽铆钉施工完毕后丝扣外露不应少于 2 扣,其中允许有 10% 的环槽铆钉外露 1 扣。检查数量:按节点数抽查 5%,且不应少于 10 个		观察检查
取样方法				抽样数量	按节点(杆件)数量抽查 5%,但不少于 5 个
检验日期		年 月 日	检验部门	质量主管	检验员

注:d 为螺栓直径。

表 F-10　格构结构拼装后的安装偏差检验表

单位(子单位) 工程名称			分部(子分部) 工程名称		分项 工程名称	
施工单位			项目负责人		检验批容量	
分包单位			分包单位 项目负责人		检验批部位	
施工依据			《铝合金结构工程施工质量 验收规范》GB 50576	验收依据	《铝合金结构工程 施工质量验收规范》 GB 50576	

验收项目				设计要求及规范 规定(mm)	最小/实际 抽样数量	检查记录	检查 结果
主控项目	1	小拼单元	节点中心偏移		2.0		/
			杆件交汇节点与 杆件中心的偏移		1.0		/
			杆件轴线的弯曲 矢高		$L_1/1\,000$,且$\leqslant$5.0 ($L=$_____ mm)		/
			锥体型小拼单元	弦杆长度	$\pm$2.0		/
				锥体高度	$\pm$2.0		/
				四角锥体上弦 杆对角线长度	$\pm$3.0		/
			平面桁架型小拼单元	跨长	$\leqslant$24m	+3.0,$-$7.0		/
					>24m	+5.0,$-$10.0		/
				跨中高度	$\pm$3.0		/
				跨中拱度	设计 起拱	$\pm L/5\,000$ ($L=$_____ mm)		/
					设计 不起 拱	+10.0		/

— 86 —

続表 F-10

		验收项目		设计要求及规范规定(mm)	最小/实际抽样数量	检查记录	检查结果
主控项目	2	中拼单元	单元长度小于等于20m,拼接长度	单跨 ±10.0		/	
				多跨连续 ±5.0		/	
			单元长度大于20m,拼接长度	单跨 ±20.0		/	
				多跨连续 ±10.0		/	
	3	节点承载力试验	按设计指定规格的连接板及其匹配的铝杆件连接成试件	第11.3.3条		/	
			按设计指定规格的连接板最大螺栓孔螺纹	第11.3.3条		/	
	4	测量挠度值	网格结构	≤1.5h		/	
			屋面工程	≤1.5h		/	
一般项目	1	节点及杆件表面质量		第11.3.5条		/	
	2	铝合金空间网格结构安装(mm)	纵向、横向长度	$L/2000$,且≤30.0 $-L/2000$,且≥−30.0		/	
			支柱中心偏移	$L/3000$,且≤30.0		/	
			周边支承结构相邻支座高差	$L_1/400$,且≤15.0		/	
			支座最大高差	30.0		/	
			多点支承格构相邻支座高差	$L_1/800$,且≤30.0		/	

— 87 —

施工单位 检查结果	专业工长： 项目专业质量检查员： 　　　　　年　月　日
监理单位 验收结论	专业监理工程师： 　　　　　年　　月　　日

注：1. L_1 为铝合金格构结构长向跨度，L_2 为铝合金格构结构短向跨度，L 为 L_1、L_2 中的较小值。

　　2. h 为设计挠度值。

表 F-11 格构结构结构变形(挠度)值检验表

安装企业				工程 名称			检验号
序号	荷载情况	节点号	设计值	检验标准		检验值	检查方法
1	自重情况 下□ 屋面工程 完成后 □ 设计指定 的荷载□			测点的变形值与设计 值之比不得超过1.25			用水准仪 检查
取样 方法				抽样 数量			
检验 日期	年　月　日		检验 部门		质量 主管		检验员

本标准用词说明

1　为了便于在执行本标准条文时区别对待,对要求严格程度不同的用词说明如下:

1）表示很严格,非这样做不可的用词:

正面词采用"必须";

反面词采用"严禁"。

2）表示严格,在正常情况下均应这样做的用词:

正面词采用"应";

反面词采用"不应"或"不得"。

3）表示允许稍有选择,在条件许可时首先这样做的用词:

正面词采用"宜";

反面词采用"不宜"。

4）表示有选择,在一定条件下可以这样做的用词,采用"可"。

2　标准中指定应按其他有关标准、规范执行时,写法为:"应符合……的规定"或"应按……执行"。

引用标准名录

下列文件对于本标准的应用是必不可少的。凡是注日期的引用文件,仅注日期的版本适用于本标准。凡是不注日期的引用文件,其最新版本(包括所有的修改单)适用于本标准。

1 《金属材料拉伸试验》GB/T 228.1
2 《丝锥螺纹公差》GB/T 968
3 《紧固件机械性能不锈钢螺栓、螺钉和螺柱》GB/T 3098.6
4 《变形铝及铝合金化学成分》GB/T 3190
5 《铝及铝合金挤压棒材》GB/T 3191
6 《铝及铝合金拉制圆线材》GB/T 3195
7 《铝及铝合金加工产品的包装、标志、运输、贮存》GB/T 3199
8 《一般工业用铝及铝合金板、带材》GB/T 3880
9 《金属维氏硬度试验》GB/T 4340
10 《铝及铝合金管材外形尺寸及允许偏差》GB/T 4436
11 《铝合金建筑型材》GB 5237
12 《一般工业用铝及铝合金热挤压型材》GB/T 6892
13 《铝及铝合金术语》GB/T 8005
14 《铝及铝合金阳极氧化膜与有机聚合物膜》GB/T 8013
15 《铝及铝合金焊丝》GB/T 10858
16 《变形铝及铝合金牌号表示方法》GB/T 16474
17 《变形铝及铝合金状态代号》GB/T 16475
18 《钢网架螺栓球节点用高强度螺栓》GB/T 16939
19 《铝及铝合金化学分析方法》GB/T 20975
20 《建筑结构荷载规范》GB 50009
21 《建筑抗震设计规范》GB 50011

22 《建筑结构可靠度设计统一标准》GB 50068

23 《建筑结构设计术语和符号标准》GB/T 50083

24 《铝合金结构设计规范》GB 50429

25 《铝及铝合金焊接技术规程》HGJ 222

26 《空间网格结构技术规程》JGJ 7

27 《变形铝及铝合金圆铸锭》YS/T 67

28 《建筑抗震设计规程》DGJ 08—9

29 《空间格构结构设计规程》DG/TJ 08—52

30 《空间格构结构工程质量检验及评定标准》DG/TJ 08—89

上海市工程建设规范

铝合金格构结构技术标准

DG/TJ 08－95－2020
J 15138－2020

条 文 说 明

2020　上海

目　次

Contents

1 总　则

1.0.1　本条是铝合金格构结构设计时应遵循的原则。

1.0.2　本标准所适用的铝合金格构结构系指不包括强烈腐蚀性气体及有强烈机械振源的铝合金格构结构。

1.0.3　对有特殊设计要求和在特殊情况下的铝合金格构结构（如受高温、高压或强烈侵蚀作用的结构），尚应符合以下国家现行有关专门规范和标准的规定：《建筑结构设计统一标准》GB 50068、《建筑结构设计术语和符号标准》GB/T 50083、《铝合金结构设计规范》GB 50429、《铝合金结构工程施工质量验收规范》GB 50576、《建筑抗震设计规范》GB 50011、《建筑结构荷载规范》GB 50009等。

2 术语和符号

本章所有的术语和符号是参照现行国家标准《工程结构设计基本术语和通用符号》GBJ 132 和《建筑结构设计术语和符号标准》GB/T 50083 的规定编写的,并根据需要增加了相关内容。

2.1 术 语

本标准给出了 7 个有关铝合金格构结构设计方面的专用术语,并从铝合金格构结构设计的角度赋予其特定的含义,但不一定是其严谨的定义。所给出的英文译名是参考国外有关标准或文献确定的,不一定是国际上的标准术语。

2.2 符 号

本标准给出了 94 个常用符号并分别作出了定义,这些符号都是本标准各章节中所引用的。对于其他不常用的符号,标准条文及说明中已进行解释。

2.2.1 本条所用符号均为作用和作用效应的设计值,当用于标准值时,应加下标 k,如 N_k 表示杆件所受轴向力的标准值。

3 基本规定

3.1 一般规定

3.1.1 遵照现行国家标准《建筑结构可靠度设计统一标准》GB 50068,本标准采用以概率理论为基础的极限状态设计方法,用分项系数设计表达式进行计算。对于铝合金格构结构的疲劳计算,本标准不予考虑。

3.1.3 现行行业标准《空间网格结构技术规程》JGJ 7 中对需要验算稳定性的双层钢网壳的厚跨比的规定为 1/50。此处引入了铝合金弹性模量的影响,$\sqrt{E_{al}/E_s} = \sqrt{70000/206000} = 0.583$,因此将厚跨比限值调整为 1/30。

此外,对于所有具有拱效应的结构(如拱桁架等),均应进行整体稳定性验算。

3.1.5 在确定铝合金格构结构的构件截面时,应考虑围护结构的防水要求及其与主体结构的连接方式。图 1 给出了屋面节点的常见构造。

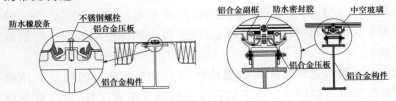

图 1 屋面节点的常见构造

3.2 荷载、作用与效应

3.2.1 目前,国内外对铝合金格构结构抗震设计的研究还不深入。铝合金格构结构进行抗震设计时,对幕墙结构可以按照国家、行业现行有关标准的规定执行;对其他结构,本标准未给出的抗震设计参数可以按照现行抗震规范中钢结构的有关参数取用。

作用效应 S 的统计参数参照现行国家标准《建筑结构荷载规范》GB 50009,设计基准期为 50 年,表 1 给出了部分调整后的常见荷载统计参数。

表 1 荷载统计参数

荷载分类	平均值/标准值	变异系数	分布类型
永久荷载	1.06	0.07	正态分布
楼面活载(办)	0.524	0.288	极值Ⅰ型
楼面活载(住)	0.644	0.2326	极值Ⅰ型
风荷载	0.908	0.193	极值Ⅰ型
雪荷载	1.139	0.225	极值Ⅰ型

在分析铝合金格构结构的风致振动时,其阻尼比应取为 0.02。

3.2.2 现行国家标准《建筑结构荷载规范》GB 50009 给出了较为全面的风荷载标准值的确定方法,以达到保证结构安全的最低要求。

然而,《建筑结构荷载规范》GB 50009 中给出的风荷载体型系数表具有局限性。由于铝合金格构结构型式多样,对于复杂体型(即未包括在《建筑结构荷载规范》中表 8.3.1 中的体型)的铝合金格构结构,风洞试验仍应作为抗风设计重要的辅助工具。

3.2.3 部分较为复杂的铝合金格构体型不具有显著的对称性,且风载体型系数取值较为复杂。对于这类结构,最不利风荷载效应可能出现在任意方向。因此,为了确保结构的安全,本标准建议将多个方向的风荷载效应与其他效应分别进行组合。

3.2.5 式(3.2.5)给出的升温曲线为一般室内火灾标准升温曲线。铝合金格构结构一般用于大空间结构中,采用该式时将得到偏于保守的分析结果。目前国内外对大空间结构火灾下的空气温度场研究较为成熟,当可以准确确定相关参数时,可采用相应的升温曲线进行分析。

3.2.6 中、大跨度或多点支承的格构结构通常位移较大,不满足荷载效应的叠加原理。因此,本标准建议在非线性分析(如施工、稳定全过程分析等)中考虑荷载效应组合的加载次序。

3.3　材料选用

3.3.4 本条是根据我国冶金部门编制的国家标准中所包括的变形铝及铝合金的各类规格及其可能在结构上的应用制定的,铝合金格构结构材料的选用充分考虑了结构的承载能力和防止在一定条件下结构出现脆性破坏的可能性。

关于铝合金名称的术语及其定义见现行国家标准《变形铝及铝合金牌号表示方法》GB/T 16474、《变形铝及铝合金状态代号》GB/T 16475、《铝及铝合金术语》GB 8005 中的相关规定。

3.3.5 本条为铝合金格构结构紧固件材料的要求。主要参考了欧洲铝合金结构设计规范(EN 1999-1-1:2002)、英国铝合金结构设计规范(BS 8118:1991)和美国铝合金结构设计规范(*Specifications and guidelines for aluminum structures*:1994)。本标准规定紧固件可采用铝合金、不锈钢螺栓,也可采用钢螺栓。由于未作表面保护的钢螺栓同铝合金构件之间会发生电化学腐蚀,故使用钢螺栓时,必须做好表面处理,且表面镀层应保证有一定的厚度。

3.4 设计指标

3.4.1 在计算铝合金结构构件抗力分项系数时,取可靠度指标 $\beta = 3.7$。根据现行国家标准《铝合金结构设计规范》GB 50429 的规定,考虑铝合金材料性能的不确定性,对于一般受力状态(如拉、压和弯等)下的铝合金结构构件的材料分项系数取 1.2。

表 3.4.1 中的材料强度设计值是根据材料的屈服强度标准值除以抗力分项系数 1.2 得到的。为便于设计使用,将得到的数值取 5 的整数倍。特别地,对于 6082-T6、7075-T6、7020-T6 这三种牌号的铝合金,有研究指出,其抗力分项系数宜取 1.29~1.40。建议设计人员在取值时宜加以适当考虑。

与本标准相关铝合金材料的基础状态定义见表 2。

表 2 基础状态代号、名称及说明与应用

代号	名称	说明与应用
O	退火状态	适用于经完全退火获得最低强度的加工产品
H	加工硬化状态	适用于通过加工硬化提高强度的产品,产品在加工硬化后可经过(也可不经过)使强度有所降低的附加热处理
T	热处理状态	适用于热处理后,经过(或不经过)加工硬化达到稳定状态的产品

焊接热影响区范围的确定见现行国家标准《铝合金结构设计规范》GB 50429 的相关规定。

3.4.2 当紧固件为环槽铆钉时,强度设计值也可采用表 3.4.2 规定的值。

3.5 结构或构件的变形规定

3.5.1 对网架、立体桁架用于屋盖时规定为不宜超过网架短向跨度或桁架跨度的 1/250。一般情况下，按强度控制而选用的杆件不会因为这样的刚度要求而加大截面。至于一些跨度特别大的网架，即使采用了较小的高度（如跨高比为 1/16），只要选择恰当的网架形式，其挠度仍可满足小于 1/250 跨度的要求。当网架用作楼层时则参考混凝土结构设计规范，容许挠度取跨度的 1/300。网壳结构的最大计算位移规定为单层不得超过短向跨度的 1/400，双层不得超过短向跨度的 1/250，由于网壳的竖向刚度较大，一般情况下均能满足此要求。但当有可靠计算依据，且屋面材料可适应相应变形时，可适当放宽至 1/250。

3.5.4 国内已建成的网架，有的起拱，有的不起拱。起拱给网架制作增加麻烦，故一般网架可以不起拱。当网架或立体桁架跨度较大时，可考虑起拱，起拱值可取小于或等于网架短向跨度（立体桁架跨度）的 1/300。此时，杆件内力变化较小，设计时可按不起拱计算。

4 结构分析与验算

4.1 一般规定

4.1.1 当杆件上的集中荷载确实无法避免时,作用在铝合金格构结构上的外荷载可按静力等效的原则将节点所辖区域内的荷载集中作用在该节点上,同时应考虑杆件局部弯曲内力的影响。

4.1.2 铝合金格构结构的支承条件对结构的计算结果有较大的影响,支座节点的约束方向和弹性刚度应根据支承结构的刚度和支座节点的构造来确定。网架结构、双层网壳按铰接杆系结构来确定支承条件(每个节点有三个线位移)。网架结构的下部一般为独立柱或框架柱支承,其水平侧向刚度较小,且由于网架受力情况类似于板单元受弯,因此对于网架结构的支座约束可采用两向或一向可侧移铰接支座或弹性支座;单层网壳结构按刚接梁系结构来确定支承条件(每个节点有三个线位移和三个角位移)。因此,单层网壳支承条件的形式较网架结构和双层网壳多。

铝合金格构结构与其支承结构之间的相互作用往往十分复杂,因此在分析时宜考虑二者的相互作用进行整体分析。结构分析时应根据上、下部的影响设计结构体系的传力路线,确定上、下部连接的刚度并选择合适的计算模型。

4.1.3 焊接会造成铝合金力学性能的降低及连接部位的热软化,对格构结构(杆件)的稳定性影响显著,而节点会受到更大影响。目前国内铝合金结构相关规范还未对疲劳有明确规定,焊接后铝合金结构的疲劳性能更为显著却又缺乏设计依据,导致格构结构在抗风、抗震下的工程应用存在安全隐患。

4.1.4 格构结构的计算方法较多,总体上包括两类计算方法,即基于离散化假定的有限元方法(包括空间杆系有限元法和空间梁系有限元法)和基于连续化假定的方法(包括拟夹层板分析法和拟壳分析法)。空间杆系有限元法即空间桁架位移法,可用来计算各种形式的网架结构、双层网壳结构和立体桁架结构。空间梁系有限元法即空间刚架位移法,主要用于单层网壳的内力、位移和稳定性计算。拟夹层板分析法和拟壳分析法物理概念清晰,有时计算也很方便,常与有限元法互为补充,但计算精度和适用性不如有限元法。

此外,现有研究表明,对于铝合金单层网壳结构,常用的节点体系如板式节点体系等在网壳平面外受弯时具有显著的半刚性特征,且其对网壳承载性能(尤其是稳定性)的影响不容忽视。因此,本条文建议在分析该类半刚性节点体系单层网壳时,应引入节点在网壳壳体平面外弯曲刚度。

4.2 结构选型

4.2.1 铝合金格构结构型式多样,能满足不同建筑造型的要求。本标准中仅列出一般常用的典型结构型式;必要时,可通过这些常见结构型式的组合,创造更多类型的结构型式。此外,格构结构中的网壳结构也可以采用非典型曲面,即在给定的外形和边界条件下,采用多项式的数学方程来拟合该曲面,或采用试验手段来寻求该曲面。

球面网壳的设计宜符合下列规定:

(1)矢跨比不宜小于 1/7。

(2)双层球面网壳的厚度可取跨度(平面直径)的 1/30～1/60。

(3)单层球面网壳的跨度(平面直径)不宜大于 80m。

柱面网壳结构的设计宜符合下列规定:

(1)两端边支承的柱面网壳,其宽度 B 与跨度 L 之比(图2)

宜小于 1.0,壳体的矢高可取宽度 B 的 $1/3\sim1/6$。

（2）沿两纵向边支承或四边支承的柱面网壳,壳体的矢高可取跨度 L（宽度 B）的 $1/2\sim1/5$。

（3）双层柱面网壳的厚度可取宽度 B 的 $1/20\sim1/50$。

（4）两端边支承的单层柱面网壳,其跨度 L 不宜大于 35m;沿两纵向边支承的单层柱面网壳,其跨度（此时为宽度 B）不宜大于 30m。

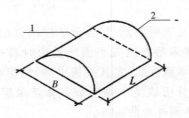

1—纵向边;2—端边

图 2　柱面网壳跨度 L、宽度 B 示意

双曲抛物面网壳结构的设计宜符合下列规定:

（1）网壳底面两对角线长度之比不宜大于 2。

（2）单块双曲抛物面壳体的矢高可取跨度的 $1/2\sim1/4$（跨度为两个对角支承点之间的距离）,四块组合双曲抛物面壳体每个方向的矢高可取相应跨度的 $1/4\sim1/8$。

（3）双层双曲抛物面网壳的厚度可取短向跨度的 $1/20\sim$ $1/50$。

（4）单层双曲抛物面网壳的跨度不宜大于 60m。

椭圆抛物面网壳结构设计宜符合下列规定:

（1）网壳底边两跨度之比不宜大于 1.5。

（2）壳体每个方向的矢高可取短向跨度的 $1/6\sim1/9$。

（3）双层椭圆抛物面网壳的厚度可取短向跨度的 $1/20\sim$ $1/50$。

（4）单层椭圆抛物面网壳的跨度不宜大于 50m。

4.2.2 在格构结构中,矢高对其水平刚度和竖向刚度均有影响。例如,对于向上拱起的网壳,一般矢高越高,水平刚度越小,竖向刚度越大。同时,大量研究表明,在矢跨比较小时,结构的稳定性可能对设计起控制作用。因此,在确定铝合金格构结构的矢高时,除需考虑建筑要求外,尚需考虑结构的刚度和稳定性。

4.2.3 平板型结构在荷载作用下产生的竖向位移可能抵消一部分起坡高度。为了避免这一问题,应在确定起坡高度时考虑结构变形的影响。

4.2.4 铝合金格构结构常用的基本单元包括:平面桁架单元、四角锥单元、三角锥单元、其他几何体单元等。其中,平面桁架单元可组成两向正交正放网架、两向斜交斜放网架、三向网架、单向折线形网架等型式;四角锥单元可组成正放四角锥网架、正放抽空四角锥网架、棋盘形四角锥网架、斜放四角锥网架、星形四角锥网架等形式;三角锥单元可组成三角锥网架、抽空三角锥网架、蜂窝形三角锥网架等型式。

考虑到网架制作与构造要求的需要,网架两相邻杆件间夹角不宜小于30°,以免杆件相碰或节点尺寸过大。

4.3 分析与验算

4.3.3 单层网壳和厚度较小的双层网壳均存在整体失稳(包括局部壳面失稳)的可能性;设计某些单层网壳时,稳定性还可能起控制作用,因而对这些网壳应进行稳定性计算。以非线性有限元分析为基础的结构荷载-位移全过程分析可以把结构强度、稳定乃至刚度等性能的整个变化历程表示得十分清楚,因而可以从全局的意义上来研究网壳结构的稳定性问题。目前,考虑几何及材料非线性的荷载-位移全过程分析方法已相当成熟,包括对初始几何缺陷、荷载分布方式等因素影响的分析方法也比较完善。因此,现在完全有可能要求对实际大型网壳结构进行仅考虑几何非线性的或考虑双重非线性的荷载-位移全过程分析，在此基础上确定其稳定性承载力。考虑双重非线性的全过程分析（即弹塑性全过程分析）可以给出精确意义上的结果，只是需耗费较多计算时间。在可能条件下，尤其对于大型的和形状复杂的网壳结构，应进行考虑双重非线性的全过程分析。

4.3.4 附录 D 所建议的铝合金弹塑性本构关系为国内外广泛采用的 Ramberg-Osgood 三参数模型。其中，硬化系数 n 的计算采用了 SteinHardt 建议。

4.3.5 杆件划分单元数量越大，稳定分析结果才更接近实际结构的受力情况。特别是当杆件划分单元较少时，无法准确施加杆件的初弯曲等初始缺陷。

4.3.6 初始几何缺陷对各类网壳的稳定性承载力均有较大影响，应在计算中考虑。网壳的初始几何缺陷包括节点位置的安装偏差、杆件的初弯曲、杆件对节点的偏心等，后面两项是与杆件计算有关的缺陷。在分析网壳稳定性时有一个前提，即在强度设计阶段网壳所有杆件都已经过强度和杆件稳定验算。这样，与杆件有关的缺陷对网壳总体稳定性（包括局部壳面失稳问题）的影响就自然地被限制在一定范围内，而且在相当程度上可以由关于网壳初始几何缺陷（节点位置偏差）的讨论来覆盖。

铝合金格构结构低阶屈曲模态所对应的特征值可能较为接近。其中，当结构对称时，相等特征值所对应的模态为重模态；非常接近的特征值所对应的模态称为相近模态。为了考虑最不利的初始缺陷分布，当结构跨度较大或体型较为复杂时，应对这两种情况所对应的模态进行补充扩展分析。

节点安装位置偏差沿壳面的分布是随机的。通过实例进行的研究表明：当初始几何缺陷按最低阶屈曲模态分布时，求得的稳定性承载力是可能的最不利值。这也就是本标准推荐采用的方法。至于缺陷的最大值，建议采用"施工中的容许最大安装偏差"和"网壳短向跨度的 1/300"两种幅值分别进行计算，取所得临界荷载的较小值为结构的稳定承载力。

4.3.7～4.3.8 当网壳受恒载和活载作用时,其稳定承载力以恒载与活载的标准组合来衡量。大量算例分析表明:荷载的不对称分布(实际计算中取活载的半跨分布)对球面网壳的稳定性承载力无明显不利影响;对四边支承的柱面网壳,当其长宽比 $L/B \leqslant 1.2$ 时,活载的半跨分布对网壳稳定性承载力有一定影响;而对椭圆抛物面网壳和两端支承的柱面网壳,活载的半跨分布影响则较大,应在计算中考虑。

确定安全系数 K 时,考虑了下列因素:①荷载等外部作用和结构抗力的不确定性可能带来的不利影响;②复杂结构稳定性分析中可能的不精确性和结构工作条件中的其他不利因素。对于一般条件下的铝合金格构结构,第一个因素可用系数 1.64 来考虑;第二个因素暂设用系数 1.46 来考虑。对于按弹塑性全过程分析求得的稳定极限承载力,安全系数 K 应取为 $1.64 \times 1.46 \approx 2.4$。对于按弹性全过程分析求得的稳定极限承载力,安全系数 K 中尚应考虑由于计算中未考虑材料弹塑性而带来的误差;对单层球面网壳、柱面网壳的系统分析表明,塑性折减系数 c_p(即弹塑性极限荷载与弹性极限荷载之比)从统计意义上可取为0.86,则系数 K 应取为 $1.64 \times 1.46/0.86 \approx 3.0$。对其他形状更为复杂的网壳无法作系统分析,故对这类网壳和一些大型或特大型网壳,宜进行弹塑性全过程分析。

4.3.9 对于采用板式节点体系的单层铝合金网壳,研究表明,其破坏模式除壳体整体失稳外,还包括单根杆件在壳体平面内的失稳。这种局部失稳会导致网壳整体传力路径改变,因此可能诱发网壳的整体破坏。工程设计人员可在初步设计时使用式(4.3.9-1)和表4.3.9-3来确定杆件在网壳面内的计算长度。

本标准基于试验和数值分析,得到了网壳杆件在平面内的计算长度系数表。推导过程考虑了如下两个因素:

1 铝合金板式节点本身的刚度对杆件的约束作用,研究表明,该节点域可视作刚域。

2 所研究的杆件周围杆件对该杆件杆端的约束作用,记为转动刚度 k_2。计算 k_2 的式(4.3.9-2)可通过结构力学求得,且通过引入刚度折减系数 η_m 考虑了由于轴压力导致的约束刚度折减。

4.4 地震响应分析与抗震验算

4.4.1 对于铝合金格构结构在地震作用下的效应计算,振型分解反应谱法是基本方法,时程分析法作为补充计算方法。所谓"补充",指的是当时程分析法计算的结果大于振型分解反应谱法时,相关部位的构件设计应作相应的调整。

4.4.2 采用时程分析法时,应考虑地震动强度、地震动谱特征和地震动持续时间等地震动三要素,合理选择与调整地震波。

1 地震动强度

地震动强度包括加速度、速度及位移值。采用时程分析法时,地震动强度是指直接输入地震响应方程的加速度的大小。加速度峰值是加速度曲线幅值中的最大值。当震源、震中距、场地、谱特征等因素均相同,而加速度峰值高时,则建筑物遭受的破坏程度大。为了与设计时的地震烈度相当,对选用的地震记录加速度时程曲线应按适当的比例放大或缩小。根据选用的实际地震波加速度峰值与设防烈度相应的多遇地震时的加速度时程曲线最大值相等的原则,实际地震波的加速度峰值的调整公式为

$$a'(t) = \frac{A'_{\max}}{A_{\max}} a(t) \tag{1}$$

式中:$a'(t)$,$A'_{\max}$——调整后地震加速度曲线及峰值;

$a(t)$,$A_{\max}$——原记录的地震加速度曲线及峰值。

调整后的加速度时程的最大值 $A'_{\max}$ 按现行国家标准《建筑抗震设计规范》GB 50011 中表 5.1.2-2 采用,即

表 3　时程分析所用的地震加速度时程曲线的最大值（cm/s²）

地震影响	6 度	7 度	8 度	9 度
多遇地震	18	35(55)	70(110)	140

注：括号内的数值分别用于设计基本地震加速度为 0.15g 和 0.30g 的地区。

2　地震动谱特征

地震动谱特征包括谱形状、峰值、卓越周期等因素，与震源机制、地震波传播途径、反射、折射、散射和聚焦以及场地特性、局部地质条件等多种因素相关。当所选用的加速度时程曲线幅值的最大值相同，而谱特征不同，则计算出的地震响应往往相差很大。考虑到地震动的谱特征，在选取实际地震波时，首先应选择与场地类别相同的一组地震波，而后经计算选用其平均地震影响系数曲线与振型分解反应谱法所采用的地震影响系数曲线在统计意义上相符的加速度时程曲线。所谓"在统计意义上相符"指的是，用选择的加速度时程曲线计算单质点体系得出的地震影响系数曲线与振型分解反应谱法所采用的地震影响系数曲线相比，在不同周期值时均相差不大于 20%。

3　地震动持续时间

所取地震动持续时间不同，计算出的地震响应亦不同。尤其当结构进入非线性阶段后，由于持续时间的差异，使得能量损耗积累不同，从而影响了地震响应的计算结果。地震动持续时间有不同定义方法，如绝对持时、相对持时和等效持时，使用最方便的是绝对持时。按绝对持时计算时，输入的地震加速度时程曲线的持续时间内应包含地震记录最强部分，并要求选择足够长的持续时间，一般建议取不少结构基本周期的 10 倍，且不小于 10s。

4.4.4　为设计人员使用简便，根据大量计算机分析，本条给出振型分解反应谱法所需至少考虑的振型数。按国家标准《建筑抗震设计规范》GB 50011－2010 条文说明，振型个数一般亦可取振型参与质量达到总质量 90% 所需的振型数。

4.4.6　阻尼比取值应根据结构实测与试验结果经统计分析得

来。研究表明,对于铝合金格构结构,结构振型阶数越高,所对应的阻尼比越小。经过系统的计算分析,结合试验结果,建议在进行抗震分析时偏于安全地取铝合金格构结构的阻尼比为 0.03。

5 节点设计

5.1 一般规定

5.1.2 紧固件采用环槽铆钉时,该限值可放宽至 $t/6.5$。

5.1.3 关于螺栓和铆钉的最大、最小容许距离,主要参考了现行国家标准《铝合金结构设计规范》GB 50429 中的相关规定而制定。

5.1.5 可采用油漆、橡胶或聚四氟乙烯等材料进行隔离。

5.2 板式节点

5.2.1 板式节点利用紧固件和节点板连接汇交于节点处的杆件,节点在绕杆件强轴方向具有较大抗弯刚度,属半刚性节点,常用于单层网壳结构中。

采用板式节点时,支座节点可采用图 3 所示的构造。当某些结构构件受力较大时,可将铝合金构件替换成钢构件,但此时节点板应采用不锈钢。

5.2.3 本条规定了连接节点的最少紧固件数。当紧固件数量较少时,有可能在连接处发生转动并给安装造成困难。但对于小型非结构构件,其紧固件数量可以少于本条规定的数量。

5.2.5~5.2.6 板式节点体系中,节点板主要承受螺栓传递来的剪力。当节点板厚度较小时,试验表明受拉区节点板可能会发生块状拉剪破坏。在实际设计过程中,本标准建议优先满足第 5.2.6 条所规定的螺栓孔间距要求。当无法满足第 5.2.6 条的规定时,应根据实际最不利荷载组合下的节点内力根据第 5.2.5

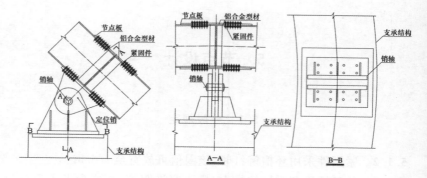

图 3　板式节点支座构造

条验算节点块状拉剪破坏承载力。

5.2.7～5.2.8　板式节点体系中,节点板主要承受螺栓传递来的剪力。当节点板厚度较小时,试验表明受压区节点板可能会发生屈曲破坏。在实际设计过程中,本标准建议优先满足第 5.2.8 条所规定的构造要求。即在节点板半径确定的前提下,加大节点板厚度。当无法满足第 5.2.8 条的规定时,应根据实际最不利荷载组合下的节点内力根据第 5.2.7 条验算节点屈曲破坏承载力。

5.2.10　现有研究表明,板式节点在受弯时的半刚性对整体结构的稳定承载性能有较大影响,不应直接假定为刚性节点。由于螺杆和螺孔之间的间隙,在受弯时,板式节点的变形过程包括螺栓嵌固阶段、螺栓滑移阶段、孔壁承压阶段和失效阶段等四个阶段,其半刚性可通过四折线模型表示的弯矩-转角曲线考虑。

　　同理,节点沿杆轴方向受力时其刚度也可用四折线模型表示的荷载-位移曲线表示。研究表明,螺栓滑移阶段对结构位移有较大影响。因此,在计算板式节点体系格构结构的挠度时,应考虑板式节点沿杆轴方向的非线性刚度,但可将其弯曲刚度假定为无穷大。

5.3 螺栓球节点

5.3.1 螺栓将圆管与螺栓球连接而成的螺栓球节点,在构造上比较接近于铰接计算模型,因此适用于小跨度双层以及两层以上的铝合金格构结构中圆管杆件的节点连接。

5.3.7 高强度螺栓经热处理后的抗拉强度设计值为 $430N/mm^2$。由于本标准已考虑了螺栓直径对性能等级的影响,在计算高强度螺栓抗拉设计承载力时,不必再乘以螺栓直径对承载力的影响系数。

高强度螺栓的最高性能等级采用 10.9 级,即经过热处理后的钢材极限抗拉强度 f_u 达 $1\,040\sim1\,240N/mm^2$,规定不低于 $1000N/mm^2$,屈服强度与抗拉强度之比为 0.9,以防止高强度螺栓发生延迟断裂。

5.3.8 根据螺栓球节点连接受力特点可知,杆件的轴向压力主要是通过套筒端面承压来传递的,螺栓主要起连接作用。因此,对于受压杆件的连接螺栓可不作验算。但从构造上考虑,连接螺栓直径也不宜太小,设计时可按该杆件内力绝对值求得螺栓直径后适当减小,建议减小幅度螺栓直径系列的 3 个级差。减少螺栓直径后的套筒应根据传递的压力值验算其承压面积,以满足实际受力要求,此时套筒可能有别于一般套筒,施工安装时应予以注意。

5.3.10 端部的锥头或封板以及它们与圆管间的连接为杆件的重要组成部分。对于端部焊接的铝合金受拉杆,实际上是杆件的焊接强度控制着该杆件的设计强度。杆件焊接后产生的主要问题是靠近焊接区域的铝管材料的热软化及封板(锥头)材料的热软化。封板(锥头)材料的热软化会造成封板(锥头)的焊接热变形及受力变形大的问题,虽然可以采取焊接时端部冷却的方式来部分解决这个问题。铝合金杆件经焊接处理后其杆件的极限抗拉强度损失较大,而且在焊接区域表面氧化膜被损坏,若想重新获得较高的强度、优良的耐腐蚀性能及理想的外观,须对焊接成形后的铝网架杆件重新进行热处理及表面阳极化处理。

　　一般,封板用于连接直径小于 60mm 的管件,锥头用于连接直径大于或等于 60mm 的管件。封板与锥头的计算可考虑塑性的影响,其底板厚度都不应太薄,否则在较小的荷载作用下即可能使塑性区在底板处贯通,从而降低承载力。

　　锥头底板厚度和锥壁厚度变化应与内力变化协调,锥壁与锥头底板及钢管交接处应和缓变化,以减少应力集中。

5.4　毂式节点

5.4.1　嵌入式毂节点是 20 世纪 80 年代我国自行开发研制的装配式节点体系。对嵌入式毂节点的足尺模型及采用此节点装配成的单层球面网壳的试验结果证明,结构本身具有足够的强度、刚度和安全保证。

　　20 多年来,我国用嵌入式毂节点已建成近 100 个采用钢材制作的单层球面网壳和柱面网壳,面积达 20 余万平方米。曾应用于体育馆、展览馆、娱乐中心、食堂等建筑的屋盖,并在 40~60m 的煤泥浓缩池、储煤库和 20 000m³ 以上的储油罐中采用。这些已建成的工程经多年的应用实践证明了这种节点型式的可靠性。

5.4.2　杆端嵌入件的形式比较复杂,嵌入榫的倾角也各不相同,采用机械加工工艺难于实现,一般铸铝件又不能满足精度要求,故选择精密铸造工艺生产嵌入件。

5.4.6　毂体是嵌入式毂节点的主体部件,毛坯可用热轧大直径棒料,经机械加工而成。为保证汇于毂体的杆件可靠地连接在一起,毂体应有足够的刚度和强度,嵌入槽的尺寸精度应保证各嵌入件能顺利嵌入并良好吻合。毂体直径是根据以下原则确定的:

　　1　槽孔开口处的抗剪强度大于杆件截面的抗拉强度。

　　2　保证两槽孔间有足够的强度。

　　3　相邻两杆件不能相碰。

6 防火设计

6.2 高温下的材料特性

6.2.1 高温下铝合金的热工参数是随着温度变化的,本条参照欧洲规范的规定,给出了温度为100℃时的热工参数。

6.2.2～6.2.3 本两条给出了高温下常见结构用铝合金的强度折减系数和弹性模量。表中数值参考了国外相关规范和国内外的铝合金高温材性试验结果。为了便于设计人员使用,表4和表5分别给出 Eurocode 9 和美国铝合金设计手册中的相关折减系数值。

表4 Eurocode 9 给出的铝合金高温强度折减系数 k_T

铝合金牌号	20℃	100℃	150℃	200℃	250℃	300℃	350℃	550℃
3004-H34	1.00	1.00	0.98	0.57	0.31	0.19	0.13	0
5083-O	1.00	1.00	0.98	0.90	0.75	0.40	0.22	0
5083-H32	1.00	1.00	0.80	0.60	0.31	0.16	0.10	0
6061-T6	1.00	0.95	0.91	0.79	0.55	0.31	0.10	0
6063-T5	1.00	0.92	0.87	0.76	0.49	0.29	0.14	0
6063-T6	1.00	0.91	0.84	0.71	0.38	0.19	0.09	0
6082-T4	1.00	1.00	0.84	0.77	0.77	0.34	0.19	0
6082-T6	1.00	0.95	0.91	0.79	0.59	0.48	0.37	0

表5 美国铝合金设计手册给出的铝合金高温名义屈服强度折减系数 k_T

铝合金牌号	24℃	100℃	149℃	177℃	204℃	260℃	316℃	371℃	538℃
6061-T6	1.00	1.00	0.90	0.88	0.75	0.40	0.20	0.08	0.00
6063-T5	1.00	1.00	0.89	0.89	0.68	0.36	0.20	0.08	0.00
6063-T6	1.00	1.00	0.84	0.77	0.58	0.29	0.11	0.06	0.00

6.3 高温下轴心受力构件承载力验算

6.3.2 稳定系数的计算是计算铝合金轴压构件稳定承载力的核心。目前国内外大多数铝合金结构设计规范(如我国《铝合金结构设计规范》GB 50429 和欧洲规范 Eurocode 9)在计算常温下轴压铝合金构件的稳定系数时均采用了 Perry 公式的形式。在高温下压杆失稳机理与常温下相同,因此本标准仍基于 Perry 公式计算铝合金压杆的稳定系数,但除铝合金材料特性变化以外,引入了由于高温蠕变和热膨胀等因素导致的初始缺陷变化,以初始缺陷系数 η_T 考虑。初始缺陷系数 η_T 的确定参考了以下研究成果:

Jiang S, Xiong Z, Guo X, et al. Buckling behaviour of aluminium alloy columns under fire conditions[J]. Thin-Walled Structures, 2018, 124:523-537.

6.4 高温下受弯构件承载力验算

6.4.2 高温对受弯构件整体稳定系数的影响主要通过初始缺陷系数 $\eta_{b,T}$ 考虑。初始缺陷系数 $\eta_{b,T}$ 的确定参考了以下研究成果:

黄玮嘉. 铝合金偏压构件高温承载力研究[D]. 上海:同济大学,2017.

本条在上述参考文献研究成果的基础上进行了适当修改和简化。

6.5 高温下拉弯、压弯构件承载力验算

6.5.2 目前各国规范普遍采用相关公式计算铝合金偏压构件常温下的稳定承载力。本标准采用相关公式计算偏压构件在平面内的稳定性，并采用线性相关公式计算偏压构件在平面外的稳定性，主要参考了以下研究成果：

Zhu S, Guo X, Liu X, et al. Bearing capacity of aluminum alloy members under eccentric compression at elevated temperatures[J]. Thin-Walled Structures, 2018, 127:574-587.

对于偏压构件在平面内的稳定性，所采用的公式是基于试验和大量数值分析提出的适用于所有截面类型的下限公式，因此使用时偏于安全。

对于偏压构件在平面外的稳定性，研究表明当采用高温下的轴心受压构件稳定系数和受弯构件稳定系数时，线性公式可以保证构件的安全。因此，本标准沿用了常温下偏压构件平面外稳定性的计算方法，并基于试验和数值分析结果提出了高温下受弯构件的稳定系数表达式。与轴心受压构件稳定系数类似，除考虑铝合金高温材料力学性能的影响外，通过引入初始缺陷影响系数考虑了高温蠕变和热膨胀引起的构件初始缺陷变化。

本条在上述参考文献研究成果的基础上进行了适当修改和简化。

6.6 高温下板式节点承载力验算

6.6.1～6.6.2 高温下，现有试验结果表明铝合金板式节点体系格构结构在节点处的破坏模式仍为节点板块状拉剪破坏和屈曲破坏。本标准在考虑铝合金材料高温力学性能的基础上，引入了对应于两种破坏模式的温度影响系数，以考虑高温下材料高温蠕

变、热膨胀和板件局部屈曲等因素的影响。

6.6.3 高温下铝合金板式节点在平面外的抗弯刚度仍可用四折线模型的形式表达。温度主要影响板式节点变形过程中的螺栓嵌固阶段和孔壁承压阶段,主要引起了各部件材料力学性能的变化;此外,由于铝合金和紧固件材料热膨胀系数不同,各部件之间的空隙大小亦发生了变化。

高温下铝合金板式节点的刚度可以通过对常温下的各刚度参数引入温度影响系数进行计算。本标准基于以下研究成果,给出了各温度影响系数的计算式:

Guo X, Zhu S, Liu X, et al. Study on out-of-plane flexural behavior of aluminum alloy gusset joints at elevated temperatures[J]. Thin-Walled Structures, 2018, 123:452-466.

本条在上述参考文献研究成果的基础上进行了适当修改和简化。

7 制作和安装

7.1 一般规定

7.1.2 铝合金格构结构的施工,首先必须加强对材质的检验。经验表明,由于材质不清或采用质量差的材料常造成隐患,甚至造成返工等质量问题。

7.1.3 格构结构施工时控制几何尺寸精度的难度较大,而且精度要求比一般平面结构严格,故所用测量器具应经计量检验合格。

7.1.5 格构结构的安装可选用下列方法:

1 高空散装法

适用于全支架拼装的各种类型的格构结构,尤其适用于螺栓连接、销轴连接等非焊接连接的结构,并可根据结构特点选用少支架的悬挑拼装施工方法:内扩法(由边支座向中央悬挑拼装)、外扩法(由中央向边支座悬挑拼装)。

2 分条或分块安装法

适用于分割后结构的刚度和受力状况改变较小的格构结构。分条或分块的大小应根据起重设备的起重能力确定。

3 滑移法

适用于能设置平行滑轨的各种格构结构,尤其适用于必须跨越施工(待安装的屋盖结构下部不允许搭设支架或行走起重机)或场地狭窄、起重运输不便等情况。当格构结构为大柱网或平面狭长时,可采用滑架法施工。

4 整体吊装法

适用于中小型格构结构,吊装时可在高空平移或旋转就位。

5 整体提升法

适用于各种格构结构,结构在地面整体拼装完毕后提升至设计标高、就位。

6 整体顶升法

适用于支点较少的各种格构结构。结构在地面整体拼装完毕后顶升至设计标高、就位。

7 折叠展开式整体提升法

适用于柱面网壳结构等。在地面或接近地面的工作平台上折叠拼装,然后将折叠的机构用提升设备提升到设计标高,最后在高空补足原先去掉的杆件,使机构变成结构。

7.1.6 选择吊点时,首先应使吊点位置与格构结构支座相接近;其次应使各起重设备的负荷尽量接近,避免由于起重设备负荷悬殊而引起起升时过大的升差。在大型格构结构安装中应加强对起重设备的维修管理,达到安装过程中确保安全可靠的要求,当采用升板机或滑模千斤顶安装格构结构时,还应考虑个别设备出故障而加大邻近设备负荷的因素。

7.1.7 工程中总存在个别高强度螺栓拧紧不够,即所谓的"假拧"现象。本条文强调要设专人对所有高强度螺栓拧紧情况进行逐个检查。

7.1.9 由于铝合金强度比较低,构件表面容易刻痕、划伤等,因此在加工、运输、安装等各个环节都应采取措施保护好构件表面,确保表面质量。

7.2 材料及检验

7.2.1～7.2.2 铝合金格构结构的材料应具有原出厂的合格证和试验报告单。但材料进入流通领域,经过几道中间环节后,其可靠程度可能已大大降低。因此,对原材料必须抽取样本进行化学成分和力学性能复验,并要求用材料单位必须具备相应的理化检验手段或具有长期、稳定的具备相当能力的定点理化检验的协作单位。

7.3 制 作

7.3.1 凡型材端部有倾斜或板材边缘弯曲时,下料时应除去缺陷部分。铝合金杆件不宜拼接,但因原材料不足,下料长度实需拼接时,必须符合设计要求方可拼接,并在拼接处注明相互拼接编号及工艺坡口形状。

7.3.2 螺栓球节点的制作过程中应注意,螺纹孔加工用丝锥应定期报废。否则,在制作中螺纹孔返工现象严重。

7.3.4 杆件成品长度系用钢卷尺测量,钢卷尺即使是同一厂家生产的同一批次的产品,其视值的偏差也相当大。因此,在杆件制作、检验和验收步骤中所使用的钢卷尺需经钢卷尺检定仪鉴定达到视值统一。一个工程需使用一套专用钢卷尺。

7.4 安 装

7.4.4 本条主要强调法制管理的强制性。测量仪器作为计量器具,必须按国家有关计量法的要求,经过专门检测单位的检测,并设置合格标志后方可使用。此外,测量仪器还应按照周期检测要求定期受检,同时对使用的测量仪器设置历史卡和受检台账,以确保所使用的测量仪器完好,满足施工精度要求。

7.4.6 本条强调铝合金格构结构安装前,必须按国家有关技术标准和设计文件核查原材料及工厂预拼单元的品种、规格数量;复验原材料和工厂预拼单元的质量保证资料,并予以记录,待验收合格后方可安装,以防止由于原材料及预拼单元的质量隐患而造成返工和质量事故。

7.4.7 本条要求格构结构在施工前必须对土建施工单位设置的

支座节点（预埋件）的平面位置垂直标高进行复验，并予以记录。若发现超出格构结构的安装允许偏差则不予验收，并要求在征得设计单位同意的条件下对支座节点（预埋件）采取纠偏措施，直至满足设计要求方可验收。

7.5　防腐和涂装

7.5.1　铝合金材料同其他金属材料（除不锈钢外）或含酸性、含碱性的非金属材料接触时，容易发生电化学腐蚀，应在铝合金材料与其他材料之间采用油漆、橡胶或聚四氟乙烯等材料进行隔离。

7.7　安装的质量检验

7.7.3　空间网格结构安装中如支座标高产生偏差，可用钢板垫平垫实。如支座水平位置超过允许值，应由设计、监理和施工单位共同研究解决办法。